工业和信息化部"十四五"规划教材

职业教育电类
系列教材

变频及伺服应用技术

西门子｜微课版

郭艳萍 程传红／主编

钟立 郑益 郑雪娇 张玲／副主编

U0233619

ELECTROMECHANICAL

人民邮电出版社
北　京

图书在版编目（ＣＩＰ）数据

变频及伺服应用技术：西门子：微课版 / 郭艳萍，
程传红主编. -- 北京：人民邮电出版社，2023.9
职业教育电类系列教材
ISBN 978-7-115-60130-8

Ⅰ. ①变… Ⅱ. ①郭… ②程… Ⅲ. ①变频器－高等
职业教育－教材②伺服系统－高等职业教育－教材 Ⅳ.
①TN773②TP275

中国国家版本馆CIP数据核字(2023)第002269号

内 容 提 要

本书以西门子 G120 变频器和 V90 伺服驱动器为载体，系统介绍了变频器和伺服驱动器的结构、工作原理、常用功能、运行操作，PLC 与变频器的 PROFINET 通信，以及步进开环控制系统和伺服闭环控制系统的硬件电路、程序设计。本书分为 4 个模块，分别是认识变频器、变频器的运行功能预置和调试、PLC 变频控制系统的应用、运动控制系统的应用。本书是以学习成果为导向的教材，共设计了 12 个项目、21 个任务，按照"引导问题→知识链接→项目实施→项目延伸→课堂笔记→项目评价→电子活页拓展知识→自我测评"的组织方式安排学习内容，每个任务实施过程详细、可操作性强，并配有微课视频。

本书可作为本科和高职院校自动化大类专业的变频器和运动控制课程的教材，也可作为各类工程技术人员的培训教材，以及各类企业设备管理人员的参考用书。

◆ 主　　编　郭艳萍　程传红
　　副主编　钟　立　郑　益　郑雪娇　张　玲
　　责任编辑　王丽美
　　责任印制　王　郁　焦志炜
◆ 人民邮电出版社出版发行　　北京市丰台区成寿寺路 11 号
　　邮编　100164　　电子邮件　315@ptpress.com.cn
　　网址　https://www.ptpress.com.cn
　　北京天宇星印刷厂印刷
◆ 开本：787×1092　1/16
　　印张：14.25　　　　　　　　　2023 年 9 月第 1 版
　　字数：416 千字　　　　　　　2025 年 1 月北京第 5 次印刷

定价：54.00 元

读者服务热线：(010)81055256　印装质量热线：(010)81055316
反盗版热线：(010)81055315
广告经营许可证：京东市监广登字 20170147 号

前言

为了深入贯彻落实《关于推动现代职业教育高质量发展的意见》，继续深化职业教育"三教"改革，依托教育部第二批国家级职业教育教师教学创新团队课题研究项目《电气自动化技术专业（群）新形态教材开发路径探索与实践》（课题编号：ZI2021030105）的研究成果，编者以西门子 G120 变频器和 V90 伺服驱动器为载体，编写了这本工作手册式和电子活页式教材。

本书主要介绍变频器和伺服驱动器的结构、工作原理、常用功能及其在运动控制系统中的典型应用。本书具有以下特点。

1. 构建"项目引领、任务驱动"的教材体系，满足职业教育"做中学，学中做"的教学改革需求。

编者与重庆西门雷森精密装备制造研究院有限公司合作，以真实生产项目、典型工作任务为载体开发了 4 个模块，共计 12 个项目、21 个工作任务。按照"引导问题→知识链接→项目实施→项目延伸→课堂笔记→项目评价→电子活页拓展知识→自我测评"的组织方式安排教材内容。以学习成果为导向，"引导问题"引发学生产生疑问和主动思考；"知识链接"是与项目任务直接相关的、学生在自主式学习过程中必须了解或掌握的知识，以够用为度；"项目实施"精选生产实际案例，使学生通过完成工作任务，获取知识和技能；"项目延伸"由学生独立完成，培养学生的知识迁移能力和创新能力，每个"项目延伸"以二维码的方式提供了参考样例；"课堂笔记"用思维导图归纳总结每个项目的知识点和技能点，并记录项目中难点和重点问题的解决方法，用来规范学生的学习习惯和提升学习效率；"项目评价"对学生的学习过程和学习成果的质量进行评价总结；"电子活页拓展知识"以二维码的形式呈现，满足了学生"泛在"学习的需求；"自我测评"针对每个项目设计了习题，加深学生对知识和技能的理解与掌握。

2. 以新技术为导向设计"岗、课、赛、证"融通的学习任务，提升职业能力，满足智能制造新技术岗位的发展需求。

为了充分反映变频及伺服行业的新技术、新工艺、新规范，本书以西门子 G120 变频器和 V90 伺服驱动器为对象，面向"智能制造工程技术人员"新职业岗位的技术需求，对标《运动控制系统开发与应用职业技能等级标准》和《可编程控制系统集成及应用职业技能等级标准》（2021 年版）等 1+X 证书，将"现代电气控制系统安装与调试"国家级竞赛项目与课程内容进行解构和重构，实现"岗、课、赛、证"的融通，更好地对接智能制造新岗位群的职业能力要求。通过"岗、课、赛、证"实践性工作任务的实施，使学生的基本技能、专业技能、创新技能由初学到熟练并得以递进发展，显著提升学生的职业技能，实现创新型技能人才的培养目标。

3. 将价值塑造融入学习型工作任务，突出高职教材立德树人、培根铸魂的特色。

本书把"知识传授、能力培养、价值塑造"放在首位，通过"变频器助力中国实现节能减排""攻克 IGBT，中国高铁跃动'中国芯'""大国重器之动力澎湃"等"学海领航"

案例，将爱国情怀、使命担当、绿色与发展等元素有机地融入教材的知识点和技能点，用"大国重器"讲好新时代的中国故事，培养工匠精神和标准意识，增强文化自信，树立学生崇尚科学与技术的价值取向，弘扬"劳动光荣、技能宝贵"的时代精神。每个项目的课堂笔记还设计了一句能体现本项目知识点的名言，帮助学生进行学海领航。

4．配套丰富的数字化教学资源，满足"线上线下"混合式教学需求。

本书以实训设备为载体，配套有微视频、课件、习题答案、变频器和伺服驱动器手册、编程软件、教材源程序、教案和教学计划等数字化教学资源。微视频可重现教学内容，破解学习中的难点，满足情景体验教学，更好地适应"线上线下"混合式教学的改革需求。本书提供的数字化教学资源，读者可到人邮教育社区（www.ryjiaoyu.com）下载。

重庆工业职业技术学院郭艳萍、襄阳汽车职业技术学院程传红担任本书主编，并进行全书的选例、设计和统稿工作；重庆工业职业技术学院钟立和郑益、重庆水利电力职业技术学院郑雪娇、重庆工业职业技术学院张玲担任本书副主编；重庆工业职业技术学院杨淞淇和重庆化工设计研究院有限公司吴欣懋参与了本书编写工作。本书在编写过程中得到了重庆西门雷森精密装备制造研究院有限公司在设备、技术以及案例方面给予的大力支持，在此表示衷心的感谢！

限于编者的水平，书中难免有不妥之处，敬请读者批评指正，可通过电子邮件与我们联系：785978419@qq.com。

郭艳萍
2022 年 10 月于重庆

目录

模块 1　认识变频器

模块 2　变频器的运行功能预置和调试

模块 3　PLC 变频控制系统的应用

模块 4　运动控制系统的应用

模块1 认识变频器

导言

电气传动控制系统又称为电力拖动控制系统，是指以电机为原动机拖动生产机械运动的一种传动方式。它可以将电能转换成机械能，其目的是实现生产机械的调速和位置控制。变频调速技术是现代电气传动的关键技术。它以其卓越的调速性能、显著的节能效果以及在国民经济各个领域的广泛适用性被公认为是一种最有前途的交流调速方式。变频调速技术为节能降耗、改善控制性能、提高产品质量提供了至关重要的手段，代表了现代电气传动发展的主流方向。

SINAMICS G120 变频器是西门子推出的、产品应用范围较广的新一代驱动系列产品。它将逐步取代 MM4 系列变频器。SINAMICS G120 变频器是一种可满足多样化要求的模块化变频器，主要用于控制和调节三相交流异步电机和同步电机的速度。其丰富的组合功能、高性能的矢量控制技术、创新的 BICO（内部功能互联）功能以及集成安全功能，在变频器市场占据着重要地位。

对接《运动控制系统开发与应用职业技能等级标准》中的"变频器选型"（初级 1.4）和《可编程控制系统集成及应用职业技能等级标准》中的"变频器调试"（初级 2.4）工作岗位的职业技能要求，将本模块的学习任务分解为两个项目，如表 1-1 所示。本模块采用项目引导、任务驱动的方式安排学习内容，读者可在引导问题的帮助下，借助知识链接和配套视频学习变频器的结构、G120 变频器的系统配置及接线、G120 变频器的调试工具和快速调试方法，通过模仿相关任务的实施过程，独立完成项目延伸任务，最终学会使用变频器手册，并掌握使用调试工具调试变频器的基本技能。

表 1-1　学习任务、学习目标和学时建议

	项目名称	学时
学习任务	项目 1.1　变频器的安装与接线	4
	项目 1.2　变频器的基本调试	4
知识目标	<ul><li>了解变频调速原理和通用变频器的基本结构</li><li>掌握 G120 变频器的系统配置</li><li>掌握功率模块和控制单元的接线</li><li>熟悉 G120 变频器常用参数的功能</li><li>了解 G120 变频器快速调试的工具，掌握快速调试步骤</li></ul>	
技能目标	<ul><li>能正确选择功率模块和控制单元并进行系统配置</li><li>会安装控制单元和 BOP-2 操作面板</li><li>会进行功率模块和控制单元的接线</li><li>能使用变频器手册，用 BOP-2 操作面板修改参数和进行快速调试</li><li>能用 Startdrive 软件调试变频器</li><li>能用 BOP-2 操作面板控制变频器正反转、点动运行</li></ul>	
素质目标	<ul><li>厚植爱国精神和民族自豪感，树立"强国有我"的责任感和使命感</li><li>养成良好的安全操作和规范作业意识</li><li>树立绿色和低碳的发展观</li><li>培养沟通、交际、组织、团队协作的社会能力</li></ul>	

项目1.1
变频器的安装与接线

01

引导问题

1. 在基频以下调速时，在调节频率的同时必须调节_____，使_____保持不变，属于_____调速；在基频以上调速时，_____保持不变，属于_____调速。

2. 交-直-交变频器的主电路主要由_____电路、_____电路和_____电路组成。

3. SINAMICS G120 变频器由一个_____和一个_____组成，_____操作面板和_____操作面板是可选件。

4. G120 变频器的数字量输入端子既可以接成_____，也可以接成_____。

知识链接

1.1.1 变频器的产生和应用

1. 变频器的产生

由交流异步电机的转速公式 $n = n_1(1-s) = \dfrac{60f_1}{p}(1-s)$ 可知，交流异步电机有 3 种基本调速方法：①改变定子绕组的磁极对数 p 的变极调速；②改变转差率 s 的变转差率调速；③改变电源频率 f_1 的变频调速。

变频调速技术的诞生是为了满足交流电机无级调速的广泛需求。芬兰瓦萨（也叫 VACON，伟肯）控制系统有限公司于 1967 年开发出世界上第一台变频器。1968 年，丹佛斯变频器 VLT5 作为世界上第一代批量生产的变频器面世。芬兰瓦萨与丹麦的丹佛斯并称为变频器的鼻祖，它们共同开启了变频器工业化的新时代。20 世纪 80 年代中后期，美、日、德、英等发达国家的变频器技术逐渐实用化，变频器产品投入市场后，得到了广泛的应用。

变频器（Variable-frequency Drive，VFD）是交流电气传动系统的一种。它是利用电力电子器件的通断作用，将工频交流电源转换成电压、频率均可调的交流电源的电力电子变换装置。在实际应用中，变频器通过改变交流电机定子绕组的供电频率，在改变频率的同时也改变电压，从而达到调节电机转速的目的，因此将变频调速简称为 VVVF（Variable Voltage Variable Frequency）。

2. 变频器的应用

随着工业自动化程度的不断提高，变频器的应用领域越来越广泛，目前产品已被广泛应用于冶金、矿山、造纸、化工、建材、机械、电力及建筑等很多工业电气传动领域之中，可以有效起到调速、节能、过电流保护、过电压保护、过载保护等多种作用。

（1）变频器在节能方面的应用

变频器的产生主要是为了实现对交流电机的无级调速，但由于全球能源供求矛盾日益突出，其节能效果越来越受到重视。因为风机、泵类负载的实际消耗功率与转速的三次方成正比，因此变频器在风机和水泵的应用中，节能效果尤其明显，风机、泵类负载使用变频器调速后的节能率可达 20%～60%。这类负载的应用场合是恒压供水、风机、中央空调、液压泵变频调速等。

学海领航：随着我国最新版强制性国家标准 GB 18613—2020《电动机能效限定值及能效等级》于 2021 年 6 月 1 日起正式实施，变频器凭借突出的节能效益已成为政府及企业节能降碳的关键设备。扫码学习"变频器助力中国实现节能减排"。

（2）变频器在精确自动控制中的应用

除了具有基本的调速功能以外，算术运算和智能控制是变频器的另一特色，其输出频率精度可达 0.1%～0.01%，且设置有完善的检测、保护环节，能自诊断并显示故障所在，维护简便；具有通用的外部接口端子，可同计算机、PLC 联机，便于实现自动控制。变频器在这方面的应用主要是印刷、电梯、纺织、机床、生产流水线等行业的速度控制。

（3）变频器在提高工艺方面的应用

变频器内置功能多，可以改善工艺和提高产品质量，减少设备冲击和噪声，延长设备使用寿命，使操作和控制更具人性化，从而提高整个设备的性能。

（4）变频器在电机软启动方面的应用

电机硬启动不仅会对电网造成严重的冲击，而且会对电网容量要求过高，启动时产生的大电流和振动对挡板和阀门的损害极大，对设备、管路的使用寿命极为不利。而使用变频器后，变频器的软启动功能将使启动电流从零开始变化，最大值也不超过额定电流，减轻了对电网的冲击和对供电容量的要求，显著延长了整个驱动链的使用寿命，同时也节省了设备的维护费用。

学海领航：变频器的品牌众多，在国内市场占有率比较高的国外品牌主要有 SIEMENS（西门子）、ABB、Yaskawa（安川）、Mitsubishi（三菱）、Schneider（施耐德）、Emerson（艾默生）、Fuji（富士）；国内品牌主要有台达（DELTA）、汇川、英威腾、普传、安邦信等。扫码学习"中国变频器市场品牌分布"。

1.1.2 变频调速原理

1. 变频调速的条件

由前面的异步电机转速公式可知，只要改变定子绕组的电源频率 f_1，就可以调节转速 n 的大小，但是事实上，只改变 f_1 并不能正常调速，而且可能导致电机运行性能恶化。其原因分析如下。

变频调速原理
（视频）

$$\Phi_{\mathrm{m}} = \frac{E_1}{4.44 f_1 N_1 K_{\mathrm{N1}}} = \frac{U_1 + \Delta U}{4.44 f_1 N_1 K_{\mathrm{N1}}} \approx \frac{U_1}{4.44 f_1 N_1 K_{\mathrm{N1}}} \qquad (1\text{-}1)$$

式中，E_1 为气隙磁通在定子每相中感应电动势的有效值（V）；N_1 为每相定子绕组的匝数；K_{N1} 为定子绕组基波系数；Φ_m 为电机每极气隙磁通；U_1 为定子绕组电压；ΔU 为漏阻抗压降；f_1 为定子绕组的电源频率。

根据三相异步电机的等效电路可知，$E_1=U_1+\Delta U$，当 E_1 和 f_1 的值较大时，漏阻抗压降 ΔU 可以忽略不计，即可认为电机的定子电压 $U_1 \approx E_1$。

若电机的定子电压 U_1 保持不变，则 E_1 也基本保持不变，由式（1-1）可知，当定子绕组的电源频率 f_1 由基频 f_{1N} 向下调节时，会引起主磁通 Φ_m 增加，从而导致过大的励磁电流，严重时会因绕组过热而损坏电机。而由基频 f_{1N} 向上调节时，主磁通 Φ_m 将减小，铁心利用不充分，同样的转子电流下，电磁转矩 T 下降，电机的负载能力下降，电机的容量也得不到充分利用。

由于异步电机定子绕组中的感应电动势 E_1 无法直接检测和控制，根据 $U_1 \approx E_1$，可以通过控制 U_1 达到控制 E_1 的目的，因此为维持电机输出转矩不变，必须使主磁通 Φ_m 不变，即

$$\frac{E_1}{f_1} \approx \frac{U_1}{f_1} = 常数$$

2. 基频以下恒磁通（恒转矩）变频调速

当在额定频率以下调频，即 $f_1 < f_{1N}$ 时，为了保证 Φ_m 不变，调频的同时必须调节电压，将这种调速方法称为 V/f 控制方式，也称为恒压频比控制方式。其特性如图 1-1 中的曲线 1 所示。

当定子电源频率 f_1 很低时，U_1 也很低。此时定子绕组上的电压降 ΔU 在电压 U_1 中所占的比例增加，将使定子电流减小，从而使 Φ_m 减小，这将引起低速时的最大输出转矩减小。可通过提高 U_1 的方式来补偿 ΔU 的影响，使 E_1/f_1 不变，即 Φ_m 不变，这种控制方法称为电压补偿，也称为转矩提升。带定子压降补偿控制的恒压频比控制特性如图 1-1 中的曲线 2 所示。

在基频以下调速时，采用 V/f 控制方式以保持主磁通 Φ_m 恒定，电机的机械特性曲线如图 1-2 中 f_{1N} 曲线以下的曲线（f_1、f_2、f_3 和 f_4 曲线）所示。在此过程中，电磁转矩 T 恒定，电机带负载的能力不变，属于恒转矩调速。如图 1-2 所示，曲线 f_4 中的虚线是进行定子压降补偿后的机械特性曲线。

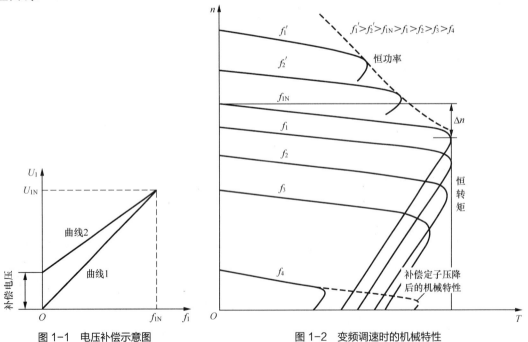

图 1-1　电压补偿示意图　　　　　　图 1-2　变频调速时的机械特性

观察各条机械特性曲线，它们的特征如下。

（1）从额定频率向下调频时，理想空载转速减小，最大转矩逐渐减小。

（2）频率在额定频率附近下调时，最大转矩减少，可以近似认为不变；频率调得很低时，最大转矩减小很快。

（3）因为频率不同时，最大转矩点对应的转差 Δn（转子转速与旋转磁场转速之差称为转差）变化不是很大，所以稳定工作区的机械特性基本是平行的，机械特性的硬度近似不变。

3．基频以上恒功率（恒电压）变频调速

当定子绕组的电源频率 f_1 由基频 f_{1N} 向上调节时，由于电机不能超过额定电压运行，只能保持 $U_1=U_{1N}$ 不变这样必然会使 Φ_m 随着 f_1 的升高而下降，使得电机工作在弱磁调速状态。由电机学原理可知，Φ_m 下降将引起电磁转矩 T 下降。频率越高，主磁通 Φ_m 下降得越多，由于 Φ_m 与电流或转矩成正比，因此电磁转矩 T 也变小。需要注意的是，这时的电磁转矩 T 仍应比负载转矩大，否则会出现电机堵转。在这种控制方式下，转速越高，转矩越低，但是转速与转矩的乘积（输出功率）基本不变，所以基频以上调速属于弱磁恒功率调速。其机械特性曲线如图 1-2 中 f_{1N} 曲线以上 2 条曲线（f_1' 和 f_2' 曲线）所示。其特征如下。

（1）从额定频率向上调频时，理想空载转速增大，最大转矩大幅减小。

（2）最大转矩点对应的转差 Δn 几乎不变，但由于最大转矩减小很多，所以机械特性曲线斜度加大，曲线特性变软。

4．变频调速特性的特点

把基频以下和基频以上两种情况结合起来，可得图 1-3 所示的异步电机变频调速的控制特性。按照电力拖动原理，在基频以下，属于恒转矩调速的性质；而在基频以上，属于恒功率调速性质。

（1）恒转矩的调速特性。经补偿以后的 $f_1 < f_{1N}$ 调速，可基本认为 $E_1/f_1 =$ 常数，即 Φ_m 不变，根据电机的转矩公式可知，在负载不变的情况下，电机输出的电磁转矩基本为一定值，适合带恒转矩负载。

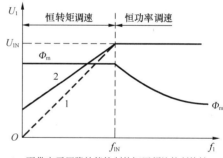

1—不带定子压降补偿控制的恒压频比控制特性；
2—带定子压降补偿控制的恒压频比控制特性

图 1-3　异步电机变频调速控制特性

（2）恒功率的调速特性。在 $f_1 > f_{1N}$ 下调速时，频率越高，主磁通 Φ_m 必然越小，电磁转矩 T 也越小，而电机的功率 $P = T(\downarrow)\omega(\uparrow) =$ 常数，因此 $f_1 > f_{1N}$ 时，电机具有恒功率的调速特性，适合带恒功率负载。

1.1.3　通用变频器的基本结构

变频器是交流电气传动系统的一种，是把电压、频率固定的交流电变成电压、频率可调的交流电的电力电子变换装置。它与外界的联系基本上可分为主电路和控制电路两个部分，如图 1-4 所示。

通用变频器的基本结构（视频）

1．主电路

交-直-交变频器的主电路如图 1-5 所示，由整流电路、能耗电路和逆变电路组成。

（1）整流电路。

① 整流管 VD1～VD6。在图 1-5 中，二极管 VD1～VD6 组成三相整流桥，将电源的三相交流电全波整流成直流电。如果电源的线电压为 U_L，则三相全波整流后的平均直流电压 U_D 的大小是

$$U_D = 1.35 U_L \tag{1-2}$$

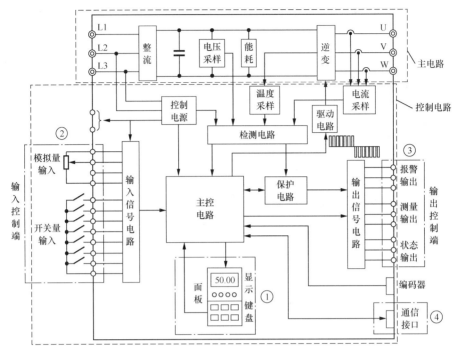

图1-4　变频器的基本结构框图

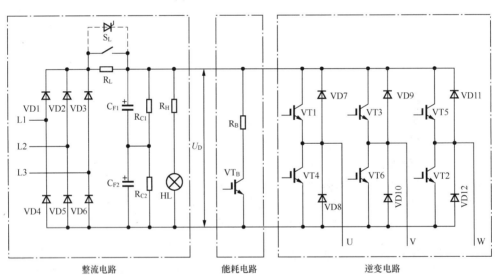

图1-5　交-直-交变频器的主电路

我国三相电源的线电压为380V，故全波整流后的平均电压是

$$U_D = 1.35 \times 380 = 513 \text{（V）}$$

变频器的三相桥式整流电路常采用集成电路模块，其整流桥集成电路模块如图1-6所示。

② 滤波电容器 C_F。图1-5所示电路中的滤波电容器 C_{F1} 和 C_{F2} 有两个功能：一是滤平全波整流后的电压纹波；二是当负载变化时，使直流电压保持平稳。

③ 电源指示 HL。HL 除了表示电源是否接通以外，还有一个

图1-6　三相整流桥集成电路模块

十分重要的功能，即在变频器切断电源后，表示滤波电容器上的电荷是否已经释放完毕。

（2）能耗电路。电机在工作频率下降过程中，将处于再生发电制动状态，拖动系统的动能将转变成电能反馈到直流电路中，使直流电压 U_D 不断上升而产生过电压，这种过电压称为泵升电压。为了限制泵升电压，如图 1-5 所示，可给直流侧电容并联一个由电力晶体管 VT_B 和能耗电阻 R_B 组成的泵升电压限制电路。因为当泵升电压超过一定数值时，VT_B 导通，再生回馈制动能量消耗在 R_B 上，从而使 U_D 保持在允许范围内，所以又将该电路称为能耗电路。

（3）逆变电路。逆变管 VT1～VT6 组成逆变桥，把 VD1～VD6 整流所得的直流电再"逆变"成频率、电压都可调的交流电，这是变频器实现变频的核心部分，当前常用的逆变管有绝缘栅双极型晶体管（IGBT）、门极关断晶闸管（GTO）及电力场效应晶体管（MOSFET）等。在中、小型变频器中，最常采用的是 IGBT。

> **学海领航：** 无论轨道交通，还是新能源、工业变频、智能电网等领域都有 IGBT 的应用。作为高铁列车牵引传动系统的核心部件，IGBT 模块直接影响着高铁列车能否瞬间起跑、舒适飞驰和稳定停车。扫码学习"攻克 IGBT，中国高铁跃动'中国芯'"。

知识拓展： IGBT 是变频器发展的物质基础。为了进一步减小变频器的体积，降低成本，增强系统的可靠性，目前中小功率的变频器还采用功率集成模块（PIM）和智能功率模块（IPM），以适应变频器功率器件模块化的发展方向。请扫码学习"IGBT、PIM 和 IPM 的结构"。

因为逆变电路中的每个逆变管两端都并联了一个二极管，并联二极管为再生电流及能量返回直流电路提供了通路，所以把这样的二极管称为续流二极管。

2. 控制电路

变频器的控制电路主要以 16 位、32 位单片机或数字信号处理（DSP）芯片为控制核心，从而实现全数字化控制。它具有设定和显示运行参数、信号检测、系统保护、计算与控制、驱动逆变管等作用。

3. 外部端子

外部端子包括主电路端子（L1、L2、L3、U、V、W）和控制电路端子。其中，控制电路端子又分为输入控制端（见图 1-4 中的②）及输出控制端（见图 1-4 中的③）。输入控制端既可以接收模拟量输入信号，又可以接收开关量输入信号；输出端子有用于报警输出的端子、指示变频器运行状态的端子及用于指示各种输出数据的测量端子。

通信接口（见图 1-4 中的④）用于变频器和其他控制设备的通信。变频器通常采用 RS-485 接口和 PROFINET 接口。图 1-4 中的①为变频器操作面板的接口。

IGBT、PIM 和 IPM 的结构（文档）

1.1.4　变频器的分类和控制方式

1. 分类

（1）按变换环节分类

按变频调速的变换环节分类，变频器可以分为交-交变频器和交-直-交变频器。

① 交-交变频器。它是一种把频率固定的交流电源直接变换成频率连续可调的交流电源的装置。其优点是没有中间环节，变换效率高，缺点是交-交变频器连续可调的频率范围较窄，其最大输出频率为额定频率的 1/2，因此主要用于低速大容量的拖动系统中。

变频器的分类（视频）

② 交-直-交变频器。目前在交流电机变频调速中广泛应用的变频器是交-直-交变频器。它是先将恒压恒频的交流电通过整流器变成直流电，再经过逆变器将直流电变换成频率连续可调的三相交流电。

（2）按直流电路的滤波方式分类

交-直-交变频器的中间直流环节的滤波元件可以是电容或是电感，据此，变频器又可分成电流型变频器和电压型变频器两大类。

① 电流型变频器。当交-直-交变频器的中间直流环节采用大电感滤波时，直流电流波形比较平直，因而电源内阻抗很大，对负载来说基本上是一个电流源，输出交流电流是矩形波或阶梯波，电压波形接近于正弦波，这类变频器叫作电流型变频器。

② 电压型变频器。当交-直-交变频器的中间直流环节采用大电容滤波时，直流电压波形比较平直，在理想情况下是一个内阻抗为零的恒压源，输出交流电压波形是矩形波或阶梯波，电流波形为近似正弦波，这类变频器叫作电压型变频器。现在的变频器大多属于电压型变频器。

（3）按输出电压的调制方式分类

按输出电压的调制方式分类，变频器可分为脉幅调制（PAM）方式变频器和脉宽调制（PWM）方式变频器。

① 脉幅调制方式变频器。脉幅调制（Pulse Amplitude Modulation，PAM）方式是调频时通过改变整流后直流电压的幅值，达到改变变频器输出电压的目的。一般通过可控整流器来调压，通过逆变器来调频，调压与调频分别在两个不同的环节上进行，控制复杂，现已很少采用。

② 脉宽调制方式变频器。脉宽调制（Pulse Width Modulation，PWM）方式指变频器输出电压的大小是通过改变输出脉冲的占空比来实现的。在调节过程中，逆变器负责调频调压。目前使用最多的是占空比按正弦规律变化的正弦波脉宽调制方式，即 SPWM 方式。交-直-交变频器中的逆变器采用绝缘栅双极型晶体管（IGBT）时，开关频率可达 10kHz 以上，变频器的输出波形已经非常逼近正弦波，因而将这种变频器中的逆变器称为 SPWM 逆变器，中、小容量的通用变频器几乎全部采用此类型的变频器。

（4）按变频控制方式分类

根据变频控制方式的不同，变频器大致可以分 4 类：V/f 控制变频器、转差频率控制变频器、矢量控制变频器和直接转矩控制变频器。

此外，变频器按电压等级可分低压变频器和高压变频器。低压变频器分为单相 220V、三相 380V、三相 660V、三相 1 140V，高压（国际上称作中压）变频器分为 3kV、6kV 和 10kV 3 种。如果变频器采用公共直流母线逆变器，则要选择直流电压，其等级有 24V、48V、110V、200V、500V、1 000V 等。

2. 控制方式

（1）V/f 控制方式

V/f 控制即恒压频比控制。它的基本特点是同时控制变频器输出的电压和频率，通过保持 V/f 恒定使电机获得所需的转矩特性。它是变频调速系统最经典的控制方式，广泛应用于以节能为目的的风机、泵类等负载的调速系统中。

早期通用变频器大多数为开环恒压频比（$V/f=$ 常数）的控制方式。其最大的优点是系统结构简单，成本低，可以满足一般平滑调速的要求；缺点是系统的静态及动态性能不高。

（2）转差频率控制方式

转差频率控制方式是对 V/f 控制的一种改进。其实现思想是通过检测电机的实际转速，根据设定频率与实际频率的差连续调节输出频率，从而在控制调速的同时，控制电机输出转矩。

转差频率控制方式是在 V/f 控制的基础上利用速度传感器构成的一种闭环控制系统。其优点是负载发生较大变化时，仍能达到较高的速度精度和具有较好的转矩特性。但是采用这种控制方式时，需要在电机上安装速度传感器，并需要根据电机的特性调节转差，通常多用于厂家指定的专用电机，通用性较差。

（3）矢量控制方式

上述的 V/f 控制方式和转差频率控制方式的控制思想都是建立在异步电机的静态数学模型上的，因此动态性能指标不高。20 世纪 70 年代初，西门子工程师首先提出了矢量控制，它是一种高性能异步电机控制方式。其基于交流电机的动态数学模型，利用坐标变换的手段，将交流电机的定子电流分解成励磁电流分量和转矩电流分量，并加以控制，具有与直流电机相类似的控制性能。采用矢量控制方式的主要目的是提高变频器调速方式的动态性能。各种高端变频器普遍采用矢量控制方式。

（4）直接转矩控制方式

20 世纪 80 年代左右，科学家们首次提出了直接转矩控制理论并取得了应用上的成功。直接转矩控制是利用空间矢量坐标的概念，在定子坐标系下分析交流电机的数学模型，控制电机的磁链和转矩，通过检测定子电阻来观测定子磁链，因此省去了矢量控制等复杂的变换计算，系统直观、简洁，计算速度和精度都比矢量控制方式有所提高，即使在开环的状态下，也能输出100%的额定转矩，对于多拖动具有负荷平衡功能。

1.1.5　G120 变频器的系统配置

G120 变频器的
系统配置（视频）

SINAMICS 系列产品是西门子推出的、产品应用范围较广的新一代驱动系列产品，它将逐步取代现有的 MasterDrives 系列驱动产品。SINAMICS 系列产品的低压交流产品包括 3 个系列：V 系列、G 系列和 S 系列。V 系列产品简单紧凑，提供最基本、最核心功能的变频控制，该系列兼具成本低廉、坚固耐用的优点；G 系列属于通用型变频器产品，适用于对控制的动态响应要求不高的控制场合；S 系列属于高端伺服产品，不仅可以处理生产机械上要求苛刻的单轴和多轴驱动任务，而且可以胜任各种各样的运动/伺服控制任务。

SINAMICS G 系列变频器可实现对交流异步电机进行低成本、高精度的转速/转矩控制，主要包括 G110、G110D、G120、G120P、G120C、G120D、G120L、G130 和 G150 等。根据结构形式的不同，G 系列变频器主要分为：①内置式变频器，例如 G120、G120P、G120L；②紧凑式变频器，例如 G120C，它是将控制单元和功率模块做成一体的集成式变频器；③分布式变频器，例如 G120D。

1. G120 变频器的组成

SINAMICS G120 变频器是由一个操作面板、一个功率模块（Power Module，PM）和一个控制单元（Control Unit，CU）组成的，如图 1-7 所示。功率模块和控制单元有各自的订货号，分开出售。BOP-2 基本操作面板和 IOP 智能操作面板是可选件。

控制单元可以控制和监测功率模块及与它相连的电机。功率模块用于对电机供电，它由控制单元内的微处理器进行控制。该模块采用了最先进的 IGBT 技术和脉宽调制功能，从而确保电机能够可靠灵活地运行。操作面板用于操作和监测变频器。

2. 功率模块

功率模块系列产品涵盖了 0.37～250 kW 的功率范围。外形尺寸有 FSA、FSB、FSC、FSD、

FSE、FSF 和 FSGX 等规格。FS 表示"Frame Size"，即模块尺寸；A 到 F 代表功率的大小（依次递增）。G120 变频器有以下 4 类可选的功率模块作为变频器的基本单元。

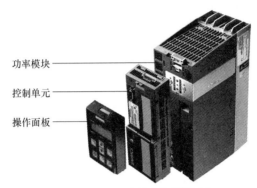

功率模块

控制单元

操作面板

图 1-7　G120 变频器的系统配置

（1）PM230 功率模块

PM230 功率模块不能进行再生能量回馈，是风机、泵类和压缩机的专用模块，其功率因数高、谐波小。PM230 不带内置的制动斩波器。

（2）PM240 功率模块

PM240 功率模块不能进行再生能量回馈，其制动产生的再生能量通过外接制动电阻转换成热量消耗掉。PM240 的 FSA～FSF 带有内置的制动斩波器。

（3）PM240-2 功率模块

PM240-2 功率模块不能进行再生能量回馈，其制动产生的再生能量通过外接制动电阻转换成热量消耗掉。PM240-2 的 FSA～FSC 带有内置的制动斩波器，且允许采用穿墙式安装。

（4）PM250 功率模块

PM250 功率模块能进行再生能量回馈，其制动产生的再生能量既能通过外接电阻转换成热量消耗掉，也可以将再生能量回馈电网，达到节能的目的。

3．控制单元

G120 变频器控制单元型号的含义如图 1-8 所示。

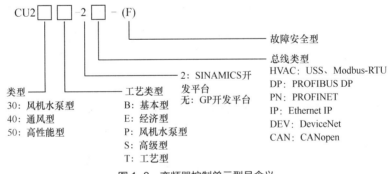

图 1-8　变频器控制单元型号含义

G120 变频器有以下 3 类可选的控制单元作为变频器的基本单元。

（1）CU230 控制单元

CU230 控制单元专门用于泵、风机和压缩机的 SINAMICS G120P 变频器和 SINAMICS G120P 变频调速柜。CU230P-2 控制单元的具体参数如表 1-2 所示。

表 1-2　CU230P-2 控制单元参数表

型号	通信类型	集成安全功能	I/O 接口种类和数量
CU230P-2 HVAC	USS、Modbus RTU、BACnet、MS/TCP	无	6DI、3DO、
CU230P-2 DP	PROFIBUS-DP	无	4AI、2AO
CU230P-2 PN	PROFINET	无	
CU230P-2 CAN	CANopen	无	

注：DI 为数字量输入；DO 为数字量输出；AI 为模拟量输入；AO 为模拟量输出。

（2）CU240 控制单元

CU240 控制单元为变频器提供开环和闭环控制功能，适用于普通机械制造领域的各种设备。其具体参数如表 1-3 所示。

表 1-3　CU240 控制单元参数表

型号	通信类型	集成安全功能	I/O 接口种类和数量
CU240B-2	USS、Modbus RTU	无	4DI、1DO、1AI、
CU240B-2 DP	PROFIBUS-DP	无	1AO
CU240E-2	USS、Modbus RTU	STO	
CU240E-2 DP	PROFIBUS-DP	STO	
CU240E-2 PN	PROFINET	STO	6DI、3DO、2AI、
CU240E-2 F	USS、Modbus RTU、PROFIsafe		2AO
CU240E-2 DP-F	PROFIBUS-DP、PROFIsafe	STO、SS1、SLS、	
CU240E-2 PN-F	PROFINET、PROFIsafe	SSM、SDI	

CU240B-2 系列，带有标准的 I/O 接口，适用于众多普通的应用。

CU240E-2 系列，带有扩展的 I/O 接口，并集成了安全保护功能。

变频器故障安全功能说明如表 1-4 所示。

表 1-4　变频器故障安全功能说明

类型	名称	功能说明	应用
STO	安全转矩关闭	防止驱动意外启动；驱动安全切换至无转矩状态	传送带、输送供应及转移
SS1	安全停止 1	快速、安全地在监控下停车，尤其是转动惯量大的应用；无需编码器	锯床、开卷机、挤出机、离心机等
SBC	安全抱闸控制	安全控制抱闸，可在无电流状态下激活；防止悬挂/牵引负载下落，SBC 功能需要安全制动继电器	起重机、收卷机
SLS	安全限速	降低驱动速度并持续监控，该功能可在设备运行时投入使用；无需编码器	压机、冲床、收卷机、传送带等
SDI	安全转向	该功能确保驱动仅可在选定方向上转动	堆垛机、压机及开卷机
SSM	安全转速监控	当驱动速度低于特定限值时，该功能会发出一个安全输出信号	磨床、输送线、钻床、铣床及包装机等

（3）CU250 控制单元

CU250 控制单元为变频器提供开环和闭环控制功能，适用于对转速控制有高要求的独立驱动（如挤出机和离心机）和定位任务（如输送带和升降机）。此外，CU250 控制单元也可实现无直流耦合的多电机驱动，例如拉丝机及简易物料输送带。CU250 控制单元具体参数如表 1-5 所示。

表 1-5　CU250 控制单元参数

型号	通信类型	集成安全功能	I/O 接口种类和数量
CU250S-2	USS、Modbus RTU	STO、SS1、SLS、SSM、SDI	11DI、3DO、4DI/4DO、2AI、2AO
CU250S-2 DP	PROFIBUS-DP		
CU250S-2 PN	PROFINET		
CU250S-2 CAN	CANopen		

在变频器选型时，控制单元和功率模块的兼容性是必须要考虑的因素。控制单元和功率模块的兼容性如表 1-6 所示。

表 1-6　控制单元和功率模块的兼容性

功率模块	控制单元			
	PM230	PM240	PM240-2	PM250
CU230P-2	√	√	√	√
CU240B-2	√	√	√	√
CU240E-2	√	√	√	√
CU250S-2	×	√	√	√

注：√为兼容；×为不兼容。

项目实施

任务 1　功率模块的安装与接线

一、任务导入

G120 变频器的功率模块是设计安装在控制柜中的，因此合理选择安装位置及布线是变频器安装的重要环节。变频器工作在容易产生高电磁干扰的工业环境中。在实际应用中，为了防范电磁干扰（EMI），变频器还需要和许多外接的组件配合才能保证变频器安全、可靠、正常地运行。

本任务是将 PM240-2 功率模块安装在控制柜中，并正确连接电源和电机。

二、任务实施

【设备和工具】

功率模块 PM240-2（400V，0.55kW）、电源电抗器、电源滤波器、输出电抗器和滤波器、制动继电器、制动电阻各 1 个，《SINAMICS G120 低压变频器操作说明》、电工工具 1 套、万用表 1 块。

功率模块的安装
与接线（视频）

1. 功率模块的接线

PM240-2 功率模块接线图如图 1-9 所示，L1、L2、L3 端子接三相电源或 L、N 端子接单相电源，U2、V2、W2 端子接电机。PM-IF 接口用于将功率模块连接至控制单元。针对外形尺寸为 FSA 至 FSF 的变频器，DCP/R1 和 R2 端子用于连接外部制动电阻。制动继电器用于控制电机制动,通过产品自带的预制电缆将制动继电器和功率模块连在一起。

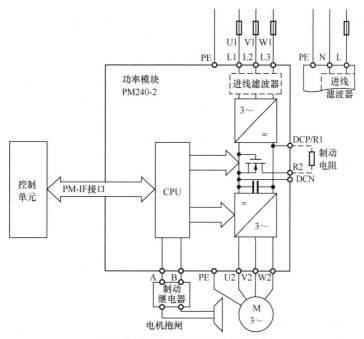

图 1-9　PM240-2 功率模块接线图

外形尺寸为 FSA 至 FSC 的功率模块 PM240-2 的端子如图 1-10 所示,功率模块上有易拆式可交换端子。接线时为了拔出连接器,必须通过按压解扣杆(一般为红色)解锁连接器。将电源电缆连接到功率模块端子 L1、L2、L3 上,将电源的保护接地线连接到变频器功率模块的 PE 端子上。电机电缆连接到变频器功率模块的端子 U2、V2、W2 和 PE 上。制动电阻连接到 DCP/R1 和 R2 端子之间。

2. 功率模块的外围配置接线

变频器产生的高次谐波会使电网中的元件产生附加的谐波损耗,降低用电设备的效率;使电机绝缘老化,寿命缩短以致损坏;对邻近的通信系统产生干扰;等等。采用给变频器输入/输出侧加装电抗器、滤波器、接地等措施,达到抑制高次谐波的目的。外形尺寸为 FSA 至 FSC、工作电源为三相交流电源的功率模块的外围配置接线图如图 1-11 所示。

图 1-11 中外围配置电路中可选件的作用如下。

(1)电源电抗器:可提供过电压保护,抑制电网的高次谐波,改善输入功率因数,并减少整流电路换相时产生的电压缺陷。

(2)外部电源滤波器:减少变频器产生的高频干扰信号,使变频器达到更高的抗射频干扰级。带有集成电源滤波器的变频器无需外部滤波器。

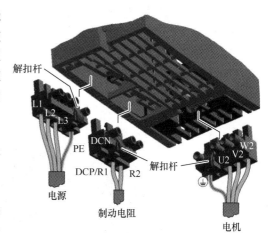

图 1-10　PM240-2 的端子分布图

学海领航:扫码学习"抑制高次谐波,实现绿色发展"。

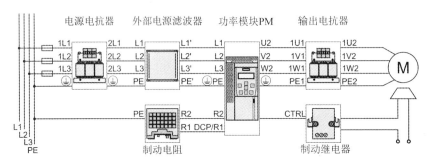

图 1-11　FSA~FSC 尺寸的功率模块 PM240-2 外围配置接线图

📖 **注意**

电源滤波器只适合在带接地星点的保护接零（TN）或保护接地（TT）系统。

（3）制动电阻：用于使大转动惯量的负载迅速制动。它能限制泵升电压，消耗回馈制动时产生的电能。

（4）输出电抗器：能降低电机绕组的电压负载。当电机电缆超出 50m（屏蔽电缆）或超出 100m（非屏蔽电缆）时，必须使用输出电抗器，以便减少电缆的电容性充放电对变频器造成的负载。

📖 **小提示**

尺寸为 FSD 至 FSF 的功率模块的输出端还可以加装输出滤波器，以限制电压增长速率和电机绕组的峰值电压。因此，允许的最大电机电缆长度可增加到 300m。

（5）制动继电器：有一个开关触点（常开触点），用来控制电机抱闸并监控制动控制是否出现短路或断相。

3．安装功率模块

如图 1-12 所示，将功率模块垂直安装在控制柜中，保持与控制柜中其他组件之间的最小间距。

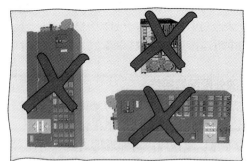

图 1-12　功率模块的安装示意图

4．安装功率模块的可选件

安装功率模块的可选件时，可以根据功率模块的外形尺寸，进行底部安装和侧面安装。对外形尺寸为 FSA、FSB 和 FSC 的功率模块 PM240 和 PM250，电抗器、滤波器和制动电阻为底座型可选件，允许的底座型可选件的组合安装方式如图 1-13 所示。

📖 **注意**

底座型可选件也可以和其他可选件一样，安装在功率模块的侧面。

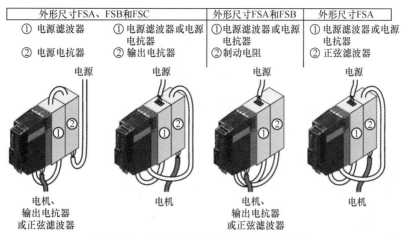

外形尺寸FSA、FSB和FSC		外形尺寸FSA和FSB	外形尺寸FSA
① 电源滤波器	① 电源滤波器或电源电抗器	①电源滤波器或电源电抗器	①电源滤波器或电源电抗器
② 电源电抗器	② 输出电抗器	②制动电阻	②正弦滤波器

图 1-13 允许的底座型可选件的组合安装方式

任务 2 控制单元的安装与接线

一、任务导入

变频器的运行指令通过控制单元的输入端子从外部输入开关信号对变频器进行正反转、多段速以及升降速端子控制。变频器的输出端子能将变频器的运行状态、速度、电流等信息进行显示。因此，控制单元的正确安装和接线对于变频器的正常使用至关重要。

本任务将控制单元安装到功率模块上，能对控制单元的输入、输出端子进行源型和漏型接线。

控制单元的安装
与接口（视频）

二、任务实施

【设备和工具】

控制单元 CU240E-2 PN-F 1 个，按钮、开关、指示灯若干，《SINAMICS G120 低压变频器操作说明》，电工工具 1 套，万用表 1 块。

1. 安装控制单元

功率模块具有一个控制单元支架和一个解锁装置，如图 1-14 所示。不同的功率模块具有不同的解锁装置。

拆装控制单元的操作步骤如下。

（1）将控制单元的两个套钩装入功率模块上对应的槽中。

（2）将控制单元插入功率模块，直到听到卡扣卡紧的声音。

（3）如果要拆下控制单元，只要按住功率模块顶部的解锁按钮，取下控制单元即可。

2. 认识控制单元的接口

必须拆下操作面板（如果有）并打

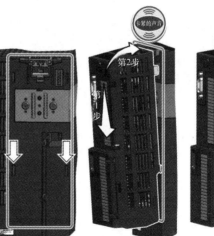

图 1-14 拆装控制单元示意图

开正面门盖才可以操作控制单元正面的接口，如图 1-15（a）所示为 CU240B-2 或 CU240E-2

控制单元正面的接口。不同的控制单元，其底部的现场总线接口不同，如图 1-15（b）所示分别为 RS-485 接口、PROFINET 接口（即 RJ-45 连接器）和 PROFIBUS-DP 接口。

📖 **小提示**

CU240B-2 上没有 AI1。

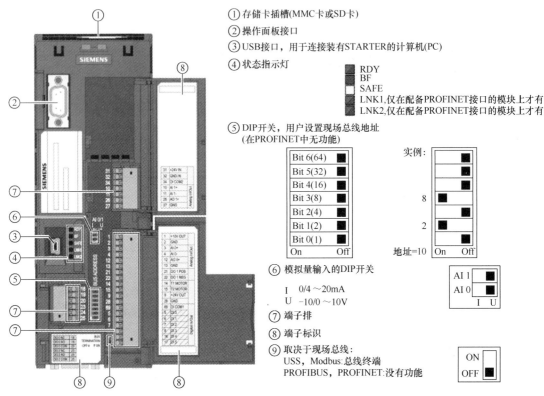

① 存储卡插槽(MMC卡或SD卡)
② 操作面板接口
③ USB接口，用于连接装有STARTER的计算机(PC)
④ 状态指示灯

	RDY
	BF
	SAFE
	LNK1,仅在配备PROFINET接口的模块上才有
	LNK2,仅在配备PROFINET接口的模块上才有

⑤ DIP开关，用户设置现场总线地址
（在PROFINET中无功能）

Bit 6(64)		实例：
Bit 5(32)	
Bit 4(16)	
Bit 3(8)	8
Bit 2(4)	
Bit 1(2)	2
Bit 0(1)	
On Off	地址=10 On Off

⑥ 模拟量输入的DIP开关
 I   0/4 ～20mA
 U   –10/0 ～10V

AI 1	
AI 0	
I U	

⑦ 端子排
⑧ 端子标识
⑨ 取决于现场总线：
 USS, Modbus:总线终端
 PROFIBUS, PROFINET:没有功能

| ON | |
| OFF | |

（a）控制单元正面的接口

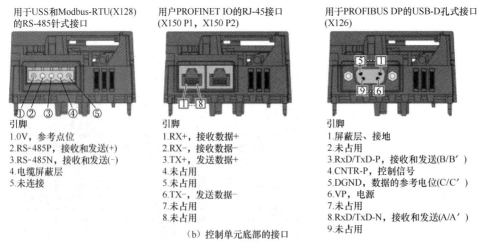

用于USS和Modbus-RTU(X128)
的RS-485针式接口

引脚
1.0V，参考点位
2.RS-485P，接收和发送(+)
3.RS-485N，接收和发送(-)
4.电缆屏蔽层
5.未连接

用户PROFINET IO的RJ-45接口
(X150 P1, X150 P2)

引脚
1.RX+，接收数据+
2.RX–，接收数据–
3.TX+，发送数据+
4.未占用
5.未占用
6.TX–，发送数据–
7.未占用
8.未占用

用于PROFIBUS DP的USB-D孔式接口
(X126)

引脚
1.屏蔽层、接地
2.未占用
3.RxD/TxD-P，接收和发送(B/B′)
4.CNTR-P，控制信号
5.DGND，数据的参考电位(C/C′)
6.VP，电源
7.未占用
8.RxD/TxD-N，接收和发送(A/A′)
9.未占用

（b）控制单元底部的接口

图 1-15 控制单元 CU240B-2 和 CU240E-2 的接口

知识拓展：图 1-15 所示控制单元上有 RDY、BF、SAFE、LNK1 和 LNK2 共计 5 个状态指示灯，每盏灯的颜色、闪烁频率所表达的含义不同，请扫码学习"状态指示灯的含义"。

3. 认识 CU240E-2 控制单元接线图

不同型号的控制单元的接线有所不同，CU240E-2 控制单元的接线图如图 1-16 所示，其控制端子的功能如表 1-7 所示。

📖 **小提示**

参考电位为"GND"的端子内部互联。可选的 24 V 电源连接至端子 31、32 时，即使功率模块从电网断开，控制单元仍保持运行状态。

状态指示灯的
含义（文档）

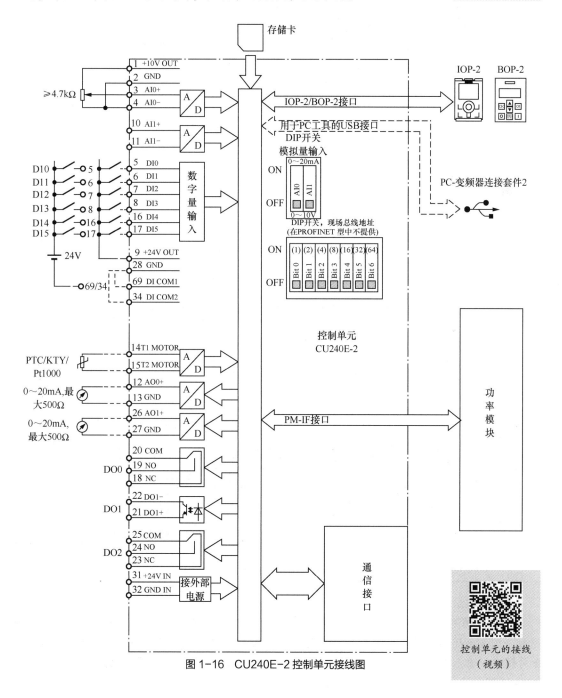

图 1-16　CU240E-2 控制单元接线图

控制单元的接线
（视频）

表 1-7　CU240E-2 控制单元端子的功能

端子类型	端子号	端子名称	功能	特性
数字量输入	5	DI0	数字输入 0	可任意编程的光电隔离型输入，每点 5.5 mA/24 V
	6	DI1	数字输入 1	
	7	DI2	数字输入 2	
	8	DI3	数字输入 3	
	16	DI4	数字输入 4	
	17	DI5	数字输入 5	
	34	DI COM2	公共端子 2	端子 6、8、17 的参考电位
	69	DI COM1	公共端子 1	端子 5、7、16 的参考电位
模拟量输入	3	AI0+	模拟输入 0（+）	差分输入，可在电流和电压间切换，取值范围：0～10 V，–10～+10 V，0/2～10 V，0/4～20 mA
	4	AI0–	模拟输入 0（–）	
	10	AI1+	模拟输入 1（+）	差分输入，可在电流和电压间切换，取值范围：0～10 V，–10～+10 V，0/2～10 V，0/4～20 mA
	11	AI1–	模拟输入 1（–）	
数字量输出	18	DO0 NC	数字输出 0/常闭触点	继电器输出，每点 0.5 A、30 V DC
	19	DO0 NO	数字输出 0/常开触点	
	20	DO0 COM	数字输出 0/公共端	
	21	DO1+	数字输出 1+	晶体管输出，0.5 A、30 V DC
	22	DO1–	数字输出 1–	
	23	DO2 NC	数字输出 2/常闭触点	继电器输出，每点 0.5 A、30 V DC
	24	DO2 NO	数字输出 2/常开触点	
	25	DO2 COM	数字输出 2/公共端	
模拟量输出	12	AO0+	模拟输出 0（+）	非电位隔离输出，可自由编程，取值范围：0～10 V；0/4～20 mA
	13	GND	GND/模拟输出 0（–）	内部电子地的基准电位
	26	AO1+	模拟输出 1（+）	非电位隔离输出，可自由编程，取值范围：0～10 V；0/4～20 mA
	27	GND	GND/模拟输出 1（–）	内部电子地的基准电位
PTC/KTY 接口	14	T1 MOTOR	连接 PTC/KTY/Pt1000	电机温度传感器的正端输入，型号：PTC、KTY、双金属型
	15	T2 MOTOR	连接 PTC/KTY84	电机温度传感器的负端输入
电源	1	+10V OUT	输出+10V	10 V DC 电源输出，最大为 10 mA
	2	GND	参考电位	电源/内部电子地的基准电位
	9	+24V OUT	24 V DC 电源输出	24 V DC 电源输出，最大为 100 mA
	28	GND	参考电位	电源/内部电子地的基准电位
	31	+24V IN	外部电源输入端	电源输入 20.4～28.8 V DC，最大为 1 500 mA
	32	GND IN	外部电源参考电位	电源输入端的参考电位

（1）模拟量输入端子的接线

在图 1-16 中，模拟量输入端子 3、4（AI0）和 10、11（AI1）为用户提供了 2 路模拟量给定（电压或电流）输入作为变频器的速度给定信号，利用 2 个 DIP 开关和参数 p0756 可将 2 对模拟量输入端子设定为电压输入或电流输入。如果使用三脚电位器调速，需要将端子 1、3、4 或端子 1、10、11 分别接到外接电位器的 3 个端子上，同时将端子 2、4 或端子 2、11

短接。

2 组模拟量输入端子可以另行配置，用于提供两个附加的数字量输入端子 DI11 和 DI12，其接线如图 1-17 所示。

端子 14、15 为电机的过热保护输入端。它用来接收温度传感器发出的温度信号，监视电机工作时的工作温度。

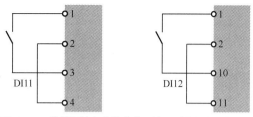

图 1-17　模拟量输入作为数字量输入时外部电路的连接

（2）数字量输入端子的接线

5、6、7、8、16、17 六个数字量输入端子采用双光电隔离输入，数字量输入端子既可以接成源型（连接 NPN 型传感器），也可以接成漏型（连接 PNP 型传感器）。

数字量输入端子的接线有两种方案。第一种方案是使用控制单元的内部 24V 电源，其接线方式如图 1-18 所示。

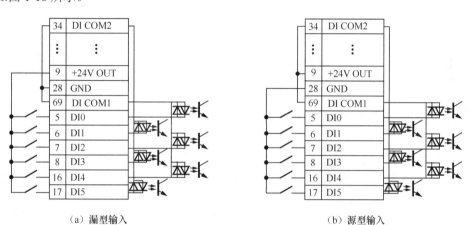

图 1-18　使用变频器内部 24 V 电源的数字量输入的接线

📖 **注意**

图 1-18 中，由于参考电位"DI COM1"（69 端子）和"DI COM2"（34 端子）与"GND"（28 端子）是电流隔离的，如果将端子 9 的 24 V 电源用作数字量输入的电源，则为漏型输入，需要将端子 28、69、34 短接，如图 1-18（a）所示；如果将端子 28 用作数字量输入的电源，则为源型输入，需要将端子 9、69、34 短接，如图 1-18（b）所示。

第二种方案是使用外部 24V 电源，图 1-19（a）是使用外部 24V 电源时的漏型输入接线图，必须将外部电源的"0V"与变频器端子 28、34、69 短接；图 1-19（b）是使用外部 24V 电源时的源型输入接线图，必须将外部电源的"+24V"与变频器端子 34、69 短接。

（3）模拟量输出端子的接线

输出端子 12、13（AO0）和 26、27（AO1）为 2 路模拟量输出端，可以输出 0～10V 的电压信号或 0/4～20mA 的电流信号，用来显示变频器的实际速度、输出电压和电流等参数，具体取决于参数的设定。这 2 路模拟量输出端子直接接显示仪表，注意正负极不要接错。

（4）数字量输出端子的接线

数字量输出（DO）有 2 路继电器输出和 1 路晶体管输出两种类型。输出端子 18、19、20 和 23、24、25 为继电器输出触点，输出端子 21、22 为晶体管输出触点。这 3 组输出用来显示变频器的运行状态，可以接各种指示灯，如图 1-20 所示。

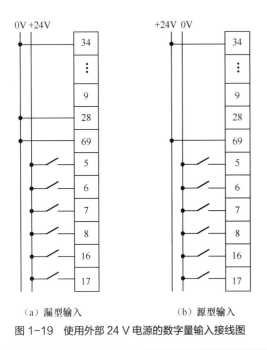

（a）漏型输入 （b）源型输入

图 1-19　使用外部 24 V 电源的数字量输入接线图

图 1-20　数字量输出端子的接线

项目延伸　传感器与控制单元的接线

某传送带使用由控制单元 CU240E-2 和功率模块 PM240 组成的变频器进行控制，三脚电位器接到 AI1 通道用来调节传送带的速度；3 线制（棕、黑、蓝 3 根线）NPN 输出型传感器和按钮分别接入变频器的 5 端子和 6 端子进行正反转控制；用数字量输出 19、20 端子作为报警信号，报警时点亮一盏 24V 直流指示灯；模拟量输出 12、13 端子接一个转速表，用来指示变频器的运行速度。根据控制要求，以小组为单位，完成以下任务。

传感器与控制单元的接线（文档）

1．请列出"传感器与控制单元的接线"所用到的设备和元器件。

2．根据控制要求，将传感器、按钮、指示灯、转速表连接在图 1-21 所示的变频器输入、输出端子上。

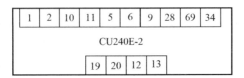

图 1-21　传感器与控制单元的接线图

课堂笔记

孔子曰："温故而知新，可以为师矣。"总结是一种智慧，也是一门学问，请完成以下问题并记录在课堂笔记上。

1. 用思维导图总结本项目的知识点和技能点。

2. 项目延伸中如果将 NPN 输出型传感器换成 PNP 输出型传感器，如何进行接线？

项目评价

由小组的项目负责人总结本小组的知识掌握情况和项目完成情况，并在课堂上进行汇报。总结主要包括 3 个方面：用思维导图总结本项目的知识点和技能点；项目实施和项目延伸的成果展示；项目实施过程中遇到的问题及经验分享。

按照表 1-8，对本项目进行评价。评价成绩统一采用 A（优秀）、B（良好）、C（合格）、D（努力）4 档。该评价成绩作为本课程的过程考核成绩计入最终考核成绩。

表 1-8   变频器的安装与接线项目评价表

评价分类	评价内容	评价标准	自我评价	教师评价	总评
专业知识	引导问题	① 正确完成 100%的引导问题，得 A； ② 正确完成 80%及以上、100%以下的引导问题，得 B； ③ 正确完成 60%及以上、80%以下的引导问题，得 C； ④ 其他得 D			
	课堂笔记	① 完成项目 1.1 所有知识点和技能点的总结； ② 完成 PNP 输出型传感器的接线； ③ 总结实施过程中所遇到的问题，并给出解决办法			
专业技能	任务 1	① 能正确使用工具和仪表； ② 能正确安装功率模块； ③ 能正确连接电源和电机电路			

续表

评价分类	评价内容	评价标准	自我评价	教师评价	总评
专业技能	任务 2	① 能正确使用工具和仪表； ② 能正确将控制单元安装到功率模块上； ③ 能对控制单元的输入、输出端子进行源型和漏型接线			
	项目延伸	① 列出"传感器与控制单元的接线"用到的全部元器件； ② 根据控制要求，将传感器、按钮、指示灯、转速表正确连接到变频器上			
职业素养	6S 管理	① 工位整洁、工器具摆放到位； ② 导线无浪费，废品清理分类符合要求； ③ 按照安全生产规程操作设备			
	展示汇报	① 能准确并流畅地描述出本项目的知识点和技能点； ② 能正确展示并介绍项目延伸实施成果； ③ 能大方得体地分享所遇到的问题及解决方法			
	沟通协作	① 善于沟通，积极参与； ② 分工明确，配合默契			
自我总结	优缺点分析				
	改进措施				

电子活页拓展知识　变频器的安装方式

变频器的安装方式有墙挂式安装和柜式安装两种。在安装时，对安装环境的温度、湿度、电磁辐射以及振动等有一定的要求。每种安装方式和要求请扫码学习"变频器的安装方式"。

变频器的安装方式（文档）

自我测评

1. 填空题

（1）交流电机有 3 种调速方法，分别是＿＿＿＿＿调速、＿＿＿＿＿调速和＿＿＿＿＿调速。

（2）变频器是把电压、频率固定的工频交流电变为＿＿＿＿＿和＿＿＿＿＿都可以变化的交流电的变换器。

（3）CU240E-2 PN-F 中的 40 表示＿＿＿＿＿型变频器，E 表示＿＿＿＿＿，PN 表示＿＿＿＿＿通信方式，F 表示＿＿＿＿＿。

（4）PM230 功率模块是＿＿＿＿＿、＿＿＿＿＿和＿＿＿＿＿专用模块。

（5）PM250 能进行＿＿＿＿＿回馈，其制动产生的＿＿＿＿＿既能通过＿＿＿＿＿转换成热量消耗掉，也可以将＿＿＿＿＿回馈电网，达到节能的目的。

（6）G120 变频器数字量输出 DO 有_____输出和_____输出两种类型。

（7）G120 变频器的模拟量输出端可以输出_____V 的电压信号或_____mA 的电流信号。

（8）变频器具有多种不同的类型，按变换环节可分为_____变频器和_____变频器。

（9）按改变变频器输出电压的调制方法分类，变频器可分为_____型和_____型。

（10）变频器的控制方式可分为_____控制方式、_____控制方式、_____控制方式和_____控制方式。

2. 选择题

（1）三相异步电机的转速除了与磁极对数、转差率有关外，还与（　　）有关系。

    A. 定子电压　　　　B. 电源频率　　　　C. 转子电阻　　　D. 电子电流

（2）为了维持电机输出转矩不变，在调节频率 f_1 的同时必须维持（　　）不变。

    A. 电压　　　　　　B. 电流　　　　　　C. 功率　　　　　D. 主磁通

（3）变频调速时，基频以下的调速属于（　　）调速，基频以上的调速属于（　　）调速。

    A. 恒转矩　　　　　B. 恒电压　　　　　C. 恒功率　　　　D. 恒电流

（4）在 V/f 控制方式下，当输出频率比较低时，会出现输出转矩不足的情况，要求变频器具有（　　）功能。

    A. 转矩补偿　　　　B. 电压补偿　　　　C. 电流提升　　　D. 电压提升

（5）G120 变频器的数字量输入端接成源型输入时，应该接（　　）输出型传感器；接成漏型输入时，应该接（　　）输出型传感器。

    A. PNP　　　　　　B. NPN　　　　　　C. PNP 和 NPN 均可

3. 简答题

（1）为什么对异步电机进行变频调速时，希望电机的主磁通保持不变？

（2）什么叫作 V/f 控制方式？电机的调速特性有何特征？

（3）为什么在基本 V/f 控制的基础上还要进行电压补偿？

（4）简述 G120 变频器功率模块外围所配可选件的作用。

（5）简述 G120 变频器数字量输入端子使用内部 24V 电源时的接线方法。

引导问题

1. G120 变频器中以字母 r 开头的参数表示_____参数，以字母 P 开头的参数为_____参数。

2. 变频器的手动控制必须在_____菜单下完成。

3. 变频器的调试工具有_____操作面板、_____操作面板、_____调试软件和_____调试软件。

知识链接

1.2.1　G120 变频器的常用参数

变频器的参数包括参数号和参数值。参数号由一个前置的"p"或者"r"、参数编码和可选用的下标或位数组成。其中，"p"表示可调参数（可读写），"r"表示显示参数（只读）。例如：p2051[0…13]，"p"表示该参数为可调参数，"2051"为参数编码，"[0…13]"为该参数的下标，"p2051[0]"指的是该参数的第 0 组参数。

G120 变频器的参数很多，本书只介绍常用的部分参数的功能，如表 1-9 所示。更多参数可参考《SINAMICS G120 控制单元 CU240B- 2/CU240E- 2 参数手册（2020 年 9 月版）》。

表 1-9　CU240E-2 控制单元的常用参数

序号	参数号	名称	参数说明
1	p0003	存取权限级别	=3，专家； =4，维修
2	p0010	驱动调试参数筛选	=0，就绪； =1，快速调试； =30，参数复位。 注意： 1. 只有在 p0010=1 的情况下，电机的主要参数才能被修改，如 p0304、p0305 等； 2. 只有在 p0010=0 的情况下，变频器才能运行

续表

序号	参数号	名称	参数说明
3	p0015	宏文件驱动设备	通过宏文件设置变频器的指令源和设定值源，选择与应用相适宜的变频器接口预设置
4	p0096	应用级	选择应用级时，变频器会为电机控制匹配合适的默认设置。 ＝0，专家； ＝1，标准驱动控制（适用于电机功率＜45kW，负载力矩增大但无负载冲击的应用）； ＝2，动态驱动控制（适用于电机功率＞11kW，负载力矩增大时有负载冲击的应用）
5	p0100	标准 IEC/NEMA	确认电机和变频器的功率设置是以 kW（国际单位制，SI）还是马力（美制及英制单位，US）为单位表示。 ＝0，IEC 电机（50Hz，SI 单位）； ＝1，NEMA 电机（60Hz，US 单位）； ＝2，NEMA 电机（60Hz，SI 单位）
6	p0300	选择电机类型	＝1，异步电机； ＝2，同步电机
7	p0304	电机额定电压	
	p0305	电机额定电流	
	p0307	电机额定功率	
	p0308	电机额定功率因数	
	p0309	电机额定效率	
	p0310	电机额定频率	
	p0311	电机额定转速	

7 行参数说明（电机铭牌图）：

```
 p0310        p0305      p0304
   │            │          │
   │   3~Mot                    EN 60034
   │   1LA7130-4AA10
 No UD 0013509-0090-0031   TICIF  1325  IP 55  IM B3
   │   50Hz      230~400V    60Hz        460V
 p0307  5.5kW    19.7/11A    6.5kW       10.9A
   │   cos φ=0.81  1 455r/min  cos φ=0.82  1 755r/min
   │   △/Y 220-240/380-420V   T 440-480   95.75%
   │   19.7-20.6/11.4-11.9A   11.1~11.3A  45kg
   p0308         p0311        p0309
```

注意：输入电机铭牌数据必须与电机的接线（星形或三角形）相一致

序号	参数号	名称	参数说明
8	r0722	数字输入状态	显示数字输入的状态。 ＝0，端子断开； ＝1，端子闭合
9	p0730	端子 DO0 的信号源	允许的设置： ＝52.0，接通就绪； ＝52.1，运行就绪； ＝52.2，运行使能； ＝52.3，故障有效
10	p0731	端子 DO1 的信号源	
11	p0732	端子 DO2 的信号源	
12	p0756	模拟输入类型	设置模拟输入的类型
13	p0757	模拟量输入特性曲线值 x1	设置模拟量输入的定标曲线
14	p0758	模拟量输入特性曲线值 y1	

续表

序号	参数号	名称	参数说明
15	P0759	模拟量输入特性曲线值 x2	
16	p0760	模拟量输入特性曲线值 y2	
17	p0840	ON/OFF（OFF1）	设置指令 ON/OFF（OFF1）的信号源
18	p1001~p1015	转速固定设定值 1~转速固定设定值 15	设置转速固定设定值 1~15
19	p1020~p1022	转速固定设定值选择位 0~3	设置选择转速固定设定值的信号源
20	p1070	主设定值	设置主设定值的信号源
21	p1300	开环/闭环运行方式	如果应用级选择的是专家（Expert），则 BOP-2 操作面板会出现"CTRL MOD"字样，此时需要设置 p1300 参数，选择控制方式。 =0，具有线性特性的控制； =1，具有线性特性和 FCC（磁通电流控制）的 V/f 控制； = 2，具有抛物线特性的 V/f 控制
22	p1080	设置最小转速	p1082 用于设置变频器输出速度的上限，如果速度设定值高于此设定值，则输出速度被钳位在最大速度；p1080 用于设置变频器输出速度的下限，若速度设定值低于此设定值，则输出速度被钳位在最小速度
23	p1082	设置最大转速	
24	p1120	斜坡函数发生器斜坡上升时间	p1120：斜坡函数发生器的转速设定值从静止（设定值=0）运行到最大转速（p1082）所需的时间； p1121：坡函数发生器的转速设定值从最大转速（p1082）运行到静止（设定值=0）所需的时间
	p1121	斜坡函数发生器斜坡下降时间	
25	p1900	电机数据检测及旋转检测	选择变频器测量所连电机数据的方式。 =0，禁用，无电机数据检测； =1，电机数据检测和转速控制器优化； =2，电机数据检测（静止状态）； =3，转速控制器优化（旋转运行）

1.2.2 BOP-2 操作面板

基本型操作面板 2（BOP-2）是变频器的操作和显示单元。它可以直接插入变频器的控制单元来调试变频器，其外形如图 1-22 所示。BOP-2 操作面板具有 5 位数字的 7 段显示，用于显示参数序号、参数值、报警和故障信息。基本操作面板上的按键及其功能说明如表 1-10 所示。

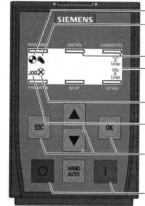

— 电机已接通
— 当前通过BOP-2操作面板操作变频器

菜单级
设定值或实际值，参数号或参数值

当前有故障或警告

当前处于JOG（点动）模式

选择菜单、参数号和参数值

接通/关闭电机

BOP-2 操作面板
（视频）

图 1-22 BOP-2 操作面板

表 1-10 BOP-2 操作面板上的按键及其功能

按钮	功能说明
OK	• 在菜单选择中，表示确认所选的菜单项。 • 在参数选择中，表示确认所选的参数和其值的设置，并返回上一级画面。 • 在故障诊断画面，表示该按键可以清除故障信息
▲	• 在菜单选择中，表示返回上一级画面。 • 在参数修改中，表示改变参数号或参数值。 • 在"HAND"模式下，点动运行方式下，长时间同时按▲和▼可以实现以下功能： 若在正向运行状态下，则将切换反向运行状态； 若在反向运行状态下，则将切换正向运行状态
▼	• 在菜单选择中，表示进入下一级画面。 • 在参数修改中，表示改变参数号或参数值
ESC	• 若按该按键 2s 以下，表示返回上一级菜单，或表示不保存所修改的参数值。 • 若按该按键 3s 以上，将返回监控画面。 注意：在参数修改模式下，此按键表示不保存所修改的参数值，除非之前已经按OK键
Ⅰ	• 在"AUTO"模式下，该按键不起作用。 • 在"HAND"模式下，表示启动/点动命令
○	• 在"AUTO"模式下，该按键不起作用。 • 在"HAND"模式下，若连续按两次该按键，将"OFF2"自由停车。 • 在"HAND"模式下，若按一次该按键，将"OFF1"停车，即按 p1121 的下降时间停车
HAND AUTO	BOP（HAND）与总线或端子（AUTO）的切换按键。 • 在"HAND"模式下，按下该键，切换到"AUTO"模式。Ⅰ和○按键不起作用。若"AUTO"模式的启动命令在，变频器自动切换到"AUTO"模式下的速度给定值。 • 在"AUTO"模式下，按下该键，切换到"HAND"模式。Ⅰ和○按键将起作用。切换到"HAND"模式时，速度给定值保持不变。 在电机运行期间可以实现"HAND"和"AUTO"模块的切换

📖 **注意**

若要锁住或解锁按键，只需同时按 [ESC] 键和 [OK] 键 3s 以上即可。

BOP-2 操作面板上的图标描述和菜单功能如表 1-11 和表 1-12 所示。其菜单结构如图 1-23 所示。

表 1-11　BOP-2 操作面板的图标描述

图标	功能	状态	描述
🖐	控制源	手动模式	"HAND"模式下会显示，"AUTO"模式下不显示
◕	变频器状态	运行状态	表示变频器处于运行状态，该图标是静止的
JOG	"JOG"功能	点动功能激活	该模式下可以进行点动操作
✖	故障和报警	静止表示报警 闪烁表示故障	故障状态下会闪烁，变频器会自动停止；静止状态表示变频器处于报警状态

表 1-12　BOP-2 操作面板的菜单功能描述

菜单	功能描述
MONITOR	监视菜单：显示运行速度、电压和电流值
CONTROL	控制菜单：使用 BOP-2 操作面板控制变频器
DIAGNOS	诊断菜单：故障报警和控制、状态的显示
PARAMS	参数菜单：查看或修改参数
SETUP	调试向导：快速调试
EXTRAS	附加菜单：设备的工厂复位和数据备份

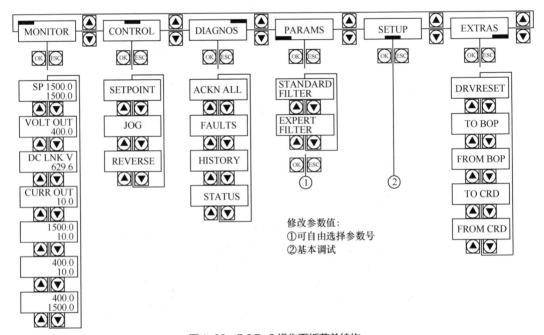

图 1-23　BOP-2 操作面板菜单结构

项目实施

任务1　使用 BOP-2 操作面板修改参数

一、任务导入

BOP-2 操作面板配备有两行参数显示屏及菜单导航功能，可以同时显示参数名称和参数值，而且具有参数过滤功能。使用 BOP-2 操作面板还可以修改变频器的参数并监控变频器的运行状态。本任务是认识 BOP-2 操作面板的按键功能，并使用 BOP-2 操作面板修改变频器的参数。

二、任务实施

【设备和工具】

控制单元 CU240E-2 PN-F 1 个、功率模块 PM240-2（400V，0.55kW）1 个、BOP-2 操作面板一个、三相异步电机 1 台、《SINAMICS G120 低压变频器操作说明》、通用电工工具 1 套。

用 BOP-2 操作面板修改参数（视频）

1. 用 BOP-2 操作面板修改参数

修改参数的操作步骤如表 1-13 所示。所有通过 BOP-2 操作面板完成的修改都立即存入变频器，且掉电保持。

表 1-13　修改参数的操作步骤

	操作步骤	显示的结果
1	使用▲和▼键将光标移动到"PARAMS"菜单，按键显示两种参数访问级别，"STANDARD"为标准访问级别，所访问的参数个数少于"EXPERT"访问级别	MONITORING　CONTROL　DIAGNOSTICS PARAMS PARAMETER　SETUP　EXTRAS
2	按OK键进入"PARAMS"菜单	MONITORING　CONTROL　DIAGNOSTICS STANDARD FILLEr PARAMETER　SETUP　EXTRAS
3	按▲或▼键将光标移动到"EXPERT FILTER"菜单，按OK键，面板显示 p 或 r 参数，并且参数号不断闪烁	MONITORING　CONTROL　DIAGNOSTICS EXPERT FILLEr PARAMETER　SETUP　EXTRAS
4		
	选择参数号	修改参数值
	当显示屏上的参数号闪烁时，有两种方法可以修改参数号	按下OK键，进入参数值修改，当显示屏上的参数值闪烁时，有两种方法可以修改参数数值

续表

操作步骤		显示的结果	
方法 1	方法 2	方法 1	方法 2
按▲或▼键提高或降低参数号，直到出现所要选择的参数号	按下OK键，保持 2s，然后依次输入参数号	按▲或▼键提高或降低参数值，直到出现所需修改的数值	按下OK键，保持 2s，然后依次输入数值
按下OK键，传送参数号		按下OK键，传送参数值	

（表格左侧编号为 4）

2. 恢复出厂设置

初次使用变频器或在调试过程中出现异常或已经使用过需要再重新调试时，需要恢复出厂设置。通过 BOP-2 操作面板恢复出厂设置有两种方法：一种是通过"EXTRAS"菜单项的"DRVRESET"实现，另一种是通过快速调试"SETUP" 菜单项中集成的"RESET"实现。通过"EXTRAS"菜单项的"DRVRESET"实现恢复出厂设置的步骤如表 1-14 所示。

恢复出厂设置
（视频）

表 1-14   恢复出厂设置的操作步骤

	操作步骤	显示的结果
1	使用▲和▼键将光标移动到"EXTRAS"菜单	EXTRAS
2	按下OK键进入"EXTRAS"菜单，使用▲和▼键找到"DRVRESET"	DRVRESET
3	按OK键激活恢复出厂设置，按ESC键取消	ESC / OK
4	按OK键后开始恢复参数，BOP-2 操作面板上会显示"BUSY"	- BUSY -
5	复位完成后，BOP-2 操作面板显示完成"DONE"	- DONE -

任务 2   手动控制变频器运行

一、任务导入

通过 BOP-2 操作面板的导航键，可以方便地对变频器进行手动控制。同时，BOP-2 操作面板上的HAND/AUTO键还可以完成手动/自动的直接切换。本任务使用 BOP-2 操作面板上的I键和O键控制变频器正反转运行，并在 0～1 400r/min 调速。变频器还可以以 200r/min 的速度正反向点动运行。

手动控制变频器
运行（视频）

二、任务实施

【设备和工具】

控制单元 CU240E-2 PN-F 1 个、功率模块 PM240-2（400V，0.55kW）1 个、BOP-2 操作面板 1 个、三相异步电机 1 台、《SINAMICS G120 低压变频器操作说明》、通用电工工具 1 套。

1. 将变频器与电源、电机连接

变频器手动控制的接线图如图 1-24 所示，将三相交流电源和电机的三相绕组按照图 1-10 所示连接到功率模块的 L1、L2、L3 端子和 U2、V2、W2 端子上。

图 1-24　变频器手动控制的接线图

📖 **注意**

千万不要将三相电源接到 U2、V2、W2 端子上。

2. BOP-2 操作面板控制变频器运行

（1）设置参数

为了使电机与变频器相匹配，需设置电机的参数。例如，选用 Y 形接法的三相异步电机，P_N= 0.18kW，U_N = 380V，I_N = 0.53A，n_N = 1 400r/min，f_N = 50Hz，其参数设置如表 1-15 所示。

表 1-15　设置电机参数

参数号	参数名称	出厂值	设定值	说明
p0010	驱动调试参数筛选	1	1	注意，①只有在 p0010=1 的情况下，电机的主要参数才能被修改；② 只有在 p0010=0 的情况下，变频器才能运行
p0100	电机标准 IEC/NEMA	0	0	选择 IEC 电机
p0304	电机额定电压	0	380	电机额定电压（V）
p0305	电机额定电流	0.00	0.53	电机额定电流（A）
p0307	电机额定功率	0.00	0.18	电机额定功率（kW）
p0310	电机额定频率	0.00	50	电机额定频率（Hz）
p0311	电机额定转速	0.0	1 400	电机额定转速（r/min）
电机以上参数设置完成后，设 p0010=0，变频器可正常运行				
p1080	最小转速	0.000	0.000	电机的最小运行速度（0r/min）
p1082	最大转速	1 500.000	1 400.000	电机的最大运行速度（1 400r/min）
p1120	斜坡上升时间	10.000	5.000	斜坡上升时间（10s）
p1121	斜坡下降时间	10.000	5.000	斜坡下降时间（10s）
p1040	电动电位器初始值	0.000	1200.000	设置面板运行速度为 1 200r/min
p1058	JOG 1 转速设定值	150.000	200.000	设置正向点动速度
p1059	JOG 2 转速设定值	−150.000	−200.000	设置反向点动速度

（2）BOP-2 操作面板调速过程

在 BOP-2 操作面板"CONTROL"菜单下提供了以下 3 个功能。

① SETPOINT：用来设置变频器手动模式的运行速度；

② JOG：使能点动控制；

③ REVERSE：改变旋转方向。

用 BOP-2 操作面板控制变频器运行的操作步骤如表 1-16 所示。

表 1-16　BOP-2 操作面板控制变频器运行的操作步骤

操作步骤	显示的结果
手动运行操作	
1　按 键 切换键可以将变频器切换到手动模式，此时显示 符号	
2　使用▲和▼键将光标移动到"CONTROL"菜单	CONTROL
3　按 OK 键进入"CONTROL"菜单	SETPOINT
4　在"CONTROL"菜单下，使用▲和▼键选择"SETPOINT"功能，按下 OK 键进入，使用▲和▼键可以修改"SP_0.0"设定值，修改值立即生效。 按下 键启动变频器，按下▲和▼键可以调节变频器的速度；按下 键，变频器停止运行	SP　　0.0 　　0.0 1/min
JOG 点动运行操作	
5　"CONTROL"菜单下，使用▲和▼键选择"JOG"功能，按下 OK 键进入"JOG"菜单，同时长按▲和▼键可以修改点动方向	JOG
6　选择"OFF"取消点动运行，选择"ON"激活点动运行。激活点动运行后，操作面板会显示"JOG"符号。 长按 键，变频器以 p1058 设置的 200r/min 的速度点动运行。释放 键，变频器停止运行	JOG On
REVERSE 反向运行操作	
7　"CONTROL"菜单下，使用▲和▼键选择"REVERSE"功能，按下 OK 键进入"REVERSE"菜单	REVERSE
8　选择"OFF"取消反向运行，选择"ON"激活反向运行。激活反向运行后，变频器会把手动运行或点动运行的速度设定值反向	REVERSE On

任务 3　使用 Startdrive 软件快速调试变频器

一、任务导入

变频器的功能是通过设置参数实现的。G120 变频器的参数非常多，为了让使用者能快速运转变频器，G120 变频器为其提供了一种操作模式——快速调试。变频器的快速调试指通过设置电机参数、变频器的指令源及设定值源，从而实现简单快速运转电机的一种操作模式。一般在复位操作后，或者更换电机后需要进行此操作。

G120 变频器的调试工具有 BOP-2 基本操作面板、IOP 智能操作面板、Starter 软件和 Startdrive 软件等。Startdrive 软件作为西门子全集成自动化工程软件 TIA Portal（博途）的一个组件，与博途软件其他组件（STEP7、WinCC 等）共享统一的调试平台和数据库，大大提升工作效率。Startdrive 软件是用于调试、诊断和控制变频器以及备份和传送变频器设置的计算机工具。可通过 USB 或现场总线 PROFIBUS / PROFINET 将计算机和变频器连接在一起。

使用 Startdrive 软件快速调试变频器（视频）

本任务使用 Startdrive 软件完成变频器的快速调试。

二、任务实施

【设备和工具】

控制单元 CU240E-2 PN-F 1 个、功率模块 PM240-2（400V，0.55kW）1 个、BOP-2 操作面板 1 个、三相异步电机 1 台、安装有 TIA Portal V15 和 Startdrive V15 软件的计算机 1 台、网线 1 根、《SINAMICS G120 低压变频器操作说明》、通用电工工具 1 套。

1. 连接变频器和计算机

用一根标准网线将计算机的网口和变频器控制单元 CU240E-2 PN-F 的 PROFINET 接口连接在一起，如图 1-25 所示。

图 1-25 变频器和计算机连接图

2. 项目配置

（1）创建新项目。

打开 TIA Portal V15 软件，创建一个"使用 Startdrive 调试变频器正反转控制"新项目。

（2）添加控制单元，如图 1-26 所示。

① 双击项目树下的"添加新设备"选项。

② 在弹出的"添加新设备"对话框中单击"驱动"图标。

③ 在设备列表中选择实际用到的控制单元，例如 CU240E-2 PN-F。

④ 选择控制单元的固件版本。

⑤ 单击"确定"按钮。

（3）添加功率模块，如图 1-27 所示。

① 单击图 1-27 右侧的"硬件目录"。

② 在右侧的功率单元选项里选择实际用到的功率模块的型号，并将其拖曳到"设备视图"中控制单元的右侧方框内。

添加功率模块还有另外一种方法：设置好正确的 IP 地址后，可以通过离线上传的方式将实际变频器中的功率模块配置上传到博途软件中，与此同时控制单元中的参数也被上传。

图 1-26　添加控制单元

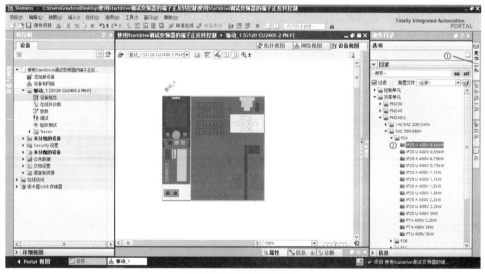

图 1-27　添加功率模块

（4）设置设备的 IP 地址和名称，如图 1-28 所示。

① 在"设备视图"中双击控制单元。

② 依次单击界面下方的"属性"→"常规"→"PROFINET 接口[X150]"→"以太网地址"。

③ 在右侧界面中输入期望的 IP 地址。

④ 在右侧界面中输入"设备名称"（用于 PN 通信）。注意要取消选中"自动生成 PRIFINET 设备名称"复选框，否则此处设备名称与常规属性中的名称不一致，且不能修改。设备必须用英文+数字命名。

（5）设置 PG/PC 接口，如图 1-29 所示。

① 双击左侧项目树中的"在线并诊断"选项。

② 在打开的窗口左侧选择"在线访问"选项，在窗口右侧设置 PG/PC 接口。

③ 选择 PG/PC 接口的类型以及 PG/PC 接口（即计算机的网卡）。

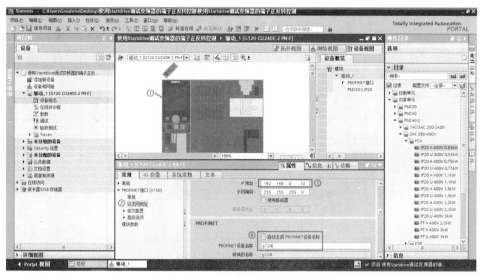

图 1-28　设置变频器 IP 地址和设备名称

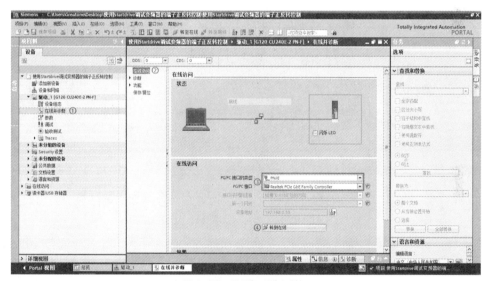

图 1-29　设置 PG/PC 接口

④ 注意，不要单击"转到在线"按钮。

（6）分配设备名称，如图 1-30 所示。

① 单击"命名"选项。

② 选择适合的 PG/PC 接口类型。

③ 单击"更新列表"按钮，显示出网络中的节点及其设备名称等信息。

④ 选中驱动设备 g120。

⑤ 单击"分配名称"按钮。

⑥ 分配成功，在右下角显示"PROFINET 设备名称'g120'已成功分配"，此时设备名称更改为设置名称。

（7）分配设备的 IP 地址。

① 如图 1-31 所示，打开"功能"列表。

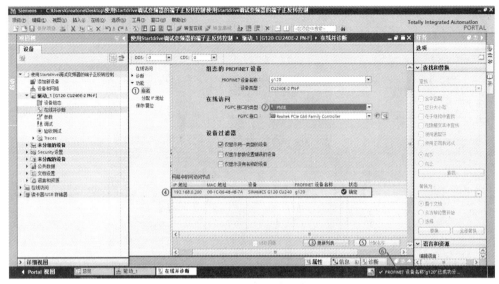

图1-30　分配设备名称

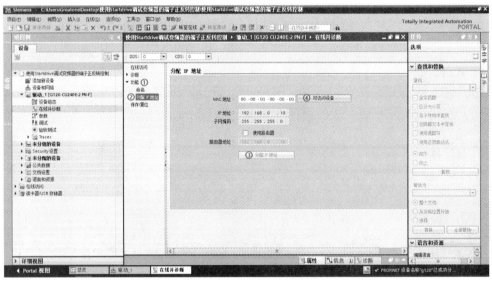

图1-31　分配IP地址

② 在"功能"列表中，选择"分配IP地址"选项。

③ 此时"分配IP地址"按钮为灰色，不可用。

④ 单击"可访问设备"按钮。

⑤ 如图1-32所示，在弹出的"选择设备"对话框中选择适合的PG/PC接口类型。

⑥ 单击"开始搜索"按钮，系统自动扫描到网络节点。

⑦ 选中搜索到的驱动"g120"。

⑧ 单击右下角的"应用"按钮。

⑨ 如图1-33所示，"分配IP地址"界面中显示所选驱动的MAC地址和IP地址。

⑩ 此时"分配IP地址"按钮可以操作，单击"分配IP地址"按钮。

⑪ 右下角出现"参数已成功传送"，所选驱动的IP地址已经改变为设置的IP地址。

图 1-32　选择设备

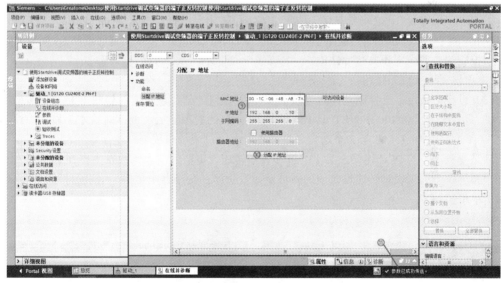

图 1-33　分配 IP 地址

　　G120 变频器的设备名称和 IP 地址分配之后，可以在 TIA Portal V15 项目树中选择"在线访问"→"本地网卡"→"更新可访问的设备"选项，搜索出变频器设备，查看变频器的设备名称以及 IP 地址是否已经更改为与硬件组态一致，如果不一致，说明没有更改成功，需要断开变频器电源，重新上电后再重新分配变频器的设备名称及 IP 地址。

3. 快速调试

（1）启动快速调试向导，如图 1-34 所示。

① 在项目树中双击"调试"选项。

② 单击"调试向导"，将会弹出"调试向导"对话框。

📖 **注意**

一旦开始配置，调试向导不能中途取消。

图 1-34　启动快速调试向导

（2）选择应用等级，如图 1-35 所示。

① 在"应用等级"下拉列表中有 3 种应用等级可供用户选择："专家""Standard Drive Control"和 "Dynamic Drive Control"。这里选择 "Standard Drive Control"（标准驱动控制），同时显示标准驱动控制的典型应用和典型特性值。

② 单击"下一页"按钮。

（3）设定值指定：选择驱动是否连接 PLC 以及在何处创建设定值，如图 1-36 所示。

① 只有配置了带 PROFINET 或 PROFIBUS 接口的变频器后，调试向导才会显示"设定值指定"。图 1-36 中第 1 个和第 2 个选项是选择变频器通过现场总线连接至上级控制器 PLC，第 3 个选项是变频器不与 PLC 连接。第 1 个选项表示转速设定值的斜坡函数发生器在 PLC 中生效；第 2 个和第 3 个选项表示转速设定值的斜坡函数发生器在变频器中生效。这里选择第 3 个选项，变频器单机控制。

② 单击"下一页"按钮。

图 1-35　选择应用等级

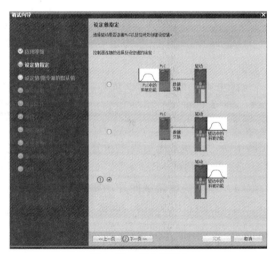

图 1-36　设定值指定

（4）选择用于变频器接口预设的 I/O 配置，如图 1-37 所示，这里选择宏 12，宏 12 对应的端子参数设置显示在对话框中，然后单击"下一页"按钮。

（5）驱动设置。如图 1-38 所示，选择电机标准是 IEC 电机，变频器设备输入电压是 400V。单击"下一页"按钮。

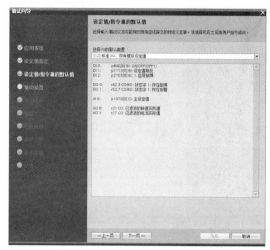

图 1-37 设定值/指令源配置

图 1-38 驱动设置

（6）驱动选件，可选制动电阻和驱动滤波器的配置。

如果在变频器和电机之间安装了选件，则必须进行相应的设置。这里不选择制动电阻，也没有配置输出滤波器，因此按照图 1-39 设置。设置完成后单击"下一页"按钮。

（7）选择电机。如图 1-40 所示，根据电机的铭牌输入电机数据。选择了电机的产品编号后，电机数据自动录入。选择用于监控电机温度的温度传感器，这里选"无传感器"，然后单击"下一页"按钮。

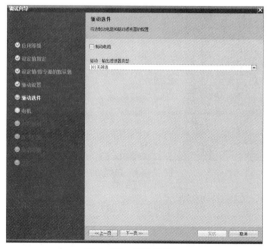

图 1-39 驱动选件

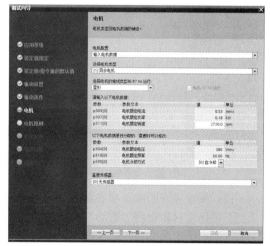

图 1-40 电机参数设置

（8）电机抱闸。确定变频器是否控制电机抱闸，如图 1-41 所示，选择"无电机抱闸"，然后单击"下一页"按钮。

（9）设置重要参数。根据控制要求，设置最小转速为 0r/min、最大转速为 2 720r/min，斜坡函数发生器斜坡上升时间和下降时间均为 5s 等参数，如图 1-42 所示。然后单击"下一页"按钮。

图 1-41　电机抱闸选择

图 1-42　重要参数设置

（10）设置驱动功能。选择工艺应用为"恒定负载"，并进行"电机数据检测"，如图 1-43 所示。然后单击"下一页"按钮。

（11）总结。可以在图 1-44 所示的对话框中查看总结信息，单击"完成"按钮，完成配置。

图 1-43　设置驱动功能

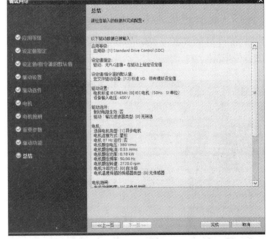
图 1-44　总结

（12）将设置好的配置和参数下载到变频器中，如图 1-45 所示。

① 选择项目树中的"驱动"选项。

② 单击"下载到设备"按钮，弹出"下载预览"对话框。

③ 选中"将参数设置保存在 EEPROM 中"复选框，将数据掉电保存在变频器中。

④ 单击"装载"按钮，将设置好的配置和参数下载到变频器中，下载完成后右下角会显示"下载完成"。

⑤ 单击"转至在线"按钮，准备对变频器进行在线调试。

图 1-45　变频器下载画面

4. 控制面板调试

Startdrive 有虚拟调试控制面板，可以方便地对电机进行调试。

① 如图 1-46 所示，双击项目树中的"调试"选项。

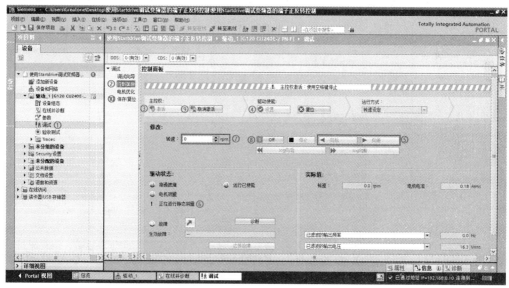

图 1-46　控制面板调试

② 单击"控制面板"选项，打开"控制面板"调试界面。

③ 单击"激活"按钮，获取对变频器的主控权。

④ 此时"驱动使能"的"设置"按钮呈灰色不可用。

⑤ 单击"向前"或"向后"按钮接通电机。变频器启动电机数据检测。电机发出"吱吱"的电磁噪声。检测过程可能持续数分钟。

⑥ 在电机进行数据检测时，标记⑥处显示"正在进行静态测量"。在电机数据检测结束后，变频器会关闭电机。

⑦ 电机静态识别结束后，标记④处的"驱动使能"的"设置"按钮恢复可用，此时在标记⑦处输入变频器的运行速度，例如 300r/min，单击标记④处的"驱动使能"的"设置"按钮，标记⑤处的"向前"或"向后"按钮由灰色变为可用，单击"向前"或"向后"按钮，变频器按照 p1120 设置的时间加速到 300r/min 稳定运行。

⑧ 单击"Off"按钮，变频器停止运行。

⑨ 单击"取消激活"按钮重新交还主控权。否则，模拟调试时变频器不能运行。

⑩ 单击"保存/复位"选项，可以保存变频器中的设置（RAM → EEPROM）。

5. 保存参数和恢复出厂设置

保存参数和恢复出厂设置的操作步骤如图 1-47 所示。

① 双击项目树下的"调试"选项。

② 单击"保存/复位"选项。

③ 在右侧打开的"保存/复位"界面中，可以单击"将 RAM 数据保存到 EEPROM 中"右下角的"保存"按钮，否则断电后优化的参数会丢失。

④ 如果变频器需要恢复出厂设置，可在标记④处选择"所有参数将会复位"选项。

⑤ 单击"启动"按钮，变频器将会恢复出厂设置。

⑥ 单击"保存项目"按钮，将该项目保存在计算机中。

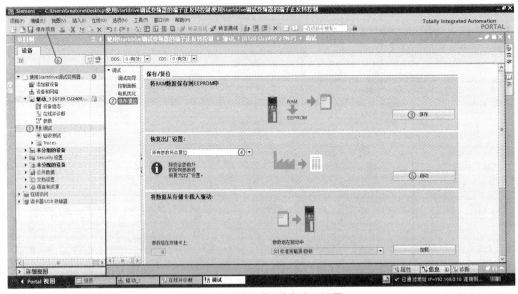

图 1-47　保存参数和恢复出厂设置

项目延伸　使用 BOP-2 操作面板快速调试变频器

除了可以使用 Startdrive 软件对变频器进行直观、精确的快速调试之外，还可以使用 BOP-2 操作面板对变频器进行快速调试。请根据《SINAMICS G120 低压变频器操作说明》，按照图 1-48 所示的步骤，在实际变频器上进行操作训

使用 BOP-2 操作面板快速调试变频器（视频）

练，也可以扫码观看"使用 BOP-2 操作面板快速调试变频器"的视频进行操作训练。

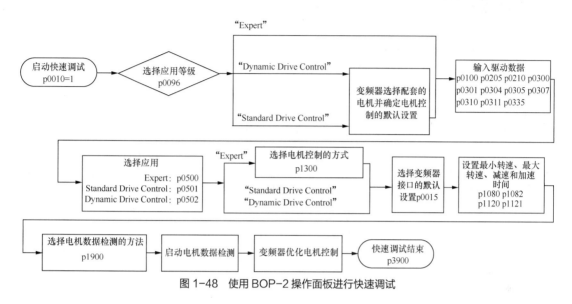

图 1-48　使用 BOP-2 操作面板进行快速调试

课堂笔记

　　明代思想家王阳明提出："知者行之始，行者知之成。"也就是说，知行合一，实践出真知。G120 变频器的基本调试是实践性较强的项目，同学们要借助教材的知识链接、配套视频和操作手册在实际变频器上反复练习，并在实践活动中学会反思，才能形成自己的实践技能。请完成以下问题并记录在课堂笔记上。

　　1. 用思维导图总结本项目的知识点和技能点。

　　2. 你认为使用 BOP-2 操作面板和 Startdrive 软件快速调试变频器时，哪一种调试工具更好用？为什么？

项目评价

由小组中的项目负责人总结本小组的知识掌握情况和项目完成情况，并在课堂上进行汇报。总结主要包括 3 个方面：用思维导图总结本项目的知识点和技能点；项目实施和项目延伸的成果展示；项目实施过程中遇到的问题及经验分享。

按照表 1-17，对本项目进行评价。评价成绩统一采用 A（优秀）、B（良好）、C（合格）、D（努力）4 档。该评价成绩作为本课程的过程考核成绩计入最终考核成绩。

表 1-17　变频器的基本调试项目评价表

评价分类	评价内容	评价标准	学生自评	教师评价	总评
专业知识	引导问题	① 正确完成 100%的引导问题，得 A； ② 正确完成 80%及以上、100%以下的，得 B； ③ 正确完成 60%及以上、80%以下的，得 C； ④ 其他得 D			
	课堂笔记	① 完成项目 1.2 所有知识点和技能点的总结； ② 分析并列出使用 BOP-2 操作面板和 Startdrive 软件快速调试变频器的优缺点			
专业技能	任务 1	① 能按要求用 BOP-2 操作面板修改参数； ② 能正确完成变频器恢复出厂设置			
	任务 2	① 能正确使用工具和仪表； ② 能按接线图正确连接变频器线路； ③ 能用 BOP-2 操作面板设置电机参数和调速			
	任务 3	① 能正确连接电机、变频器和调试计算机之间的线路； ② 能按要求创建并配置项目属性； ③ 能用调试软件进行快速调速设置并下载项目； ④ 能用调试软件在线调试变频器控制面板			
	项目延伸	① 能独立使用 BOP-2 操作面板修改参数； ② 能使用 BOP-2 操作面板对变频器进行快速调试			
职业素养	6S 管理	① 工位整洁、工器具摆放到位； ② 导线无浪费，废品清理分类符合要求； ③ 按照安全生产规程操作设备			
	展示汇报	① 能准确并流畅地描述出本项目的知识点和技能点； ② 能正确展示并介绍项目延伸实施成果； ③ 能大方得体地分享所遇问题及解决经验			
	沟通协作	① 善于沟通，积极参与； ② 分工明确，配合默契			
自我总结	优缺点分析				
	改进措施				

电子活页拓展知识　静态识别和动态优化

当使用变频器的矢量控制方式时，为了取得良好的控制效果，必须进行电机的静态识别，以构建准确的电机模型。变频器执行静态识别后可选择进行动态优化，以检测电机转动惯量和优化速度环参数。请扫码学习"静态识别和动态优化"。

静态识别和动态优化（文档）

自我测评

1. 填空题

（1）G120 变频器需要设置电机的参数时，应设置参数 p0010=_____；需要变频器进行快速调试时，需设置 p0010=_____；需要变频器运行时，需设置 p0010=_____。

（2）G120 变频器设置最小转速的是_____参数，设置用户访问级的是_____参数，设置最大转速的是_____参数。

（3）G120 变频器设置斜坡上升时间的是_____参数；设置斜坡下降时间的是_____参数，设置宏文件的是_____参数。

（4）手动控制变频器点动运行时，必须在_____菜单下，激活_____功能；控制变频器反向运行时，必须激活_____功能。

（5）BOP-2 操作面板上的 ▮ 键表示_____，◎ 键表示_____， HAND AUTO 键表示_____。

（6）🌐 图标表示变频器处于_____，✋ 图标表示变频器处于_____模式。

（7）参数 p2051[0…13]，其中"2051"为_____，"[0…13]"为该参数的_____，"p2051[0]"指的是该参数的_____参数。

（8）通过宏文件设置变频器的_____源和_____源。

（9）✖ 图标静止表示变频器处于_____状态，此时变频器会_____。

（10）✖ 图标闪烁表示变频器处于_____状态，此时变频器会_____。

2. 简答题

（1）在 MONITOR 菜单下可以查看变频器的哪些运行数据？如何查看？

（2）使用 Startdrive 软件进行快速调试时，需要设置哪些参数？

（3）使用 Startdrive 软件进行变频器调试时，为什么要给实物变频器分配 IP 地址和名称？从哪里查看变频器的 IP 地址和名称分配是否成功？

模块2 变频器的运行功能预置和调试

导言

SINAMICS G120 为满足不同的接口定义提供了多种预定义接口宏，通过预定义接口宏可以定义变频器启停信号（即命令源）和速度设定值信号（即设定值源）的接口。变频器的命令源通常有数字量输入端子和现场总线两种；变频器的设定值源给定方式有模拟量给定、电动电位器给定（即升降速端子功能）、转速固定设定值给定（即多段速功能）和现场总线给定（即通信功能）。本模块的项目和任务主要涉及前 3 种给定方式，现场总线给定将在模块 3 讲述。不同的命令源和设定值源给定方式决定了变频器具有不同的运行功能，运行功能需要通过预定义接口宏和相关参数进行预置和调试。

对接《运动控制系统开发与应用职业技能等级标准》中的"系统配置基本概念"（中级 2.1）和《可编程控制系统集成及应用职业技能等级标准》中的"驱动器控制"（中级 2.3）、"工艺参数设置"（高级 3.2）工作岗位的职业技能要求，将本模块的学习任务分解为 4 个项目，如表 2-1 所示。本模块采用项目引导、任务驱动和行动导向驱动的方式安排学习内容，学生可在引导问题的帮助下，借助知识链接和配套视频学习预定义接口宏、命令源和设定值源、双线制和三线制控制、输入/输出端子功能预置、模拟量调速、升降速端子调速、多段速调速和变频器的 PID 控制。在教师的指导下，分小组完成项目实施中的相关任务，最后和小组成员协作完成项目延伸任务。在完成任务期间，尝试解决任务实施过程中出现的问题，注意操作规范和安全要求。通过本模块的任务训练，学生应能根据变频器的控制要求，正确选择预定义接口宏并能进行输入/输出端子的功能设置，获得变频器调试的基本技能。

表 2-1 学习任务、学习目标和学时建议

	项目名称	学时
学习任务	项目 2.1 模拟量给定功能调试	8
	项目 2.2 电动电位器给定功能调试	4
	项目 2.3 固定转速给定功能调试	4
	项目 2.4 变频器 PID 功能的预置与调试	4
知识目标	• 了解变频器预定义接口宏的种类和接线 • 理解 BICO 功能，掌握输入/输出端子功能 • 知道变频器的命令源和设定值源 • 区别变频器的双线制和三线制控制 • 画出模拟量给定、电动电位器给定和多段速给定的接线图，学会参数设置 • 画出变频器 PID 控制的接线图，学会参数设置	
技能目标	• 正确选择变频器的预定义接口宏 • 会使用 BICO 功能预置输入/输出端子功能 • 能对模拟量给定、电动电位器给定和多段速给定进行安装和调试 • 能进行变频器 PID 控制功能的调试 • 能正确使用变频器手册	
素质目标	• 养成 6S 管理的职业素养 • 树立良好的安全操作和规范作业意识 • 培养学思践悟、知行合一的职业素养 • 树立大局意识、爱岗敬业和团结协作精神	

项目2.1
模拟量给定功能调试

引导问题

1. 预定义接口宏的参数是_____，只有在设置 p0010=_____时才能更改预定义接口宏的参数值。

2. 变频器运行时需要_____源和_____源两个信号。主设定值的来源可以是_____给定、_____给定、_____给定、_____给定或_____给定。

3. 变频器输入/输出端子的功能可以通过_____功能进行修改。

4. 通过 AI0 通道给定 2～10V 电压信号时，变频器输出的速度是 0～1 500r/min，p2000=1 500r/min。模拟量输入类型的参数 p0756[0]=_____、p0757[0]=_____、p0758[0]=_____、p0759[0]=_____、p0760[0]=_____。

知识链接

2.1.1 预定义接口宏

SINAMICS G120 为满足不同的接口定义提供了多种预定义接口宏，每种宏对应着一种接线方式。选择其中一种宏后，变频器会自动设置与其接线方式相对应的一些参数，这样极大方便了用户的快速调试。参数 p0015 用来设置变频器的宏。

预定义接口宏
（视频）

📖 **注意**

只有在设置 p0010=1 时才能更改 p0015 的参数值。更改完毕，需要将 p0010=0。

同类型的控制单元有不同数量的宏，如 CU240B-2 有 8 种宏，CU240E-2 有 18 种宏。CU240E-2 的预定义接口宏如表 2-2 所示。

表 2-2　CU240E-2 的预定义接口宏

宏编号	宏功能	CU240E-2	CU240E-2 DP	CU240E-2 PN	CU240E-2 PN-F
1	双线制控制，两个固定转速	×	×	×	×
2	单方向两个固定转速，带安全功能	×	×	×	×

续表

宏编号	宏功能	CU240E-2	CU240E-2 DP	CU240E-2 PN	CU240E-2 PN-F
3	单方向 4 个固定转速	×	×	×	×
4	带有现场总线，采用报文 352	—	×	×	×
5	带有现场总线和安全功能，采用 352 报文	—	×	×	×
6	带扩展安全功能的现场总线，采用报文 1	—	—	—	×
7	现场总线和点动切换	—	×（默认）	×（默认）	×（默认）
8	电动电位器（MOP），带基本安全功能	×	×	×	×
9	电动电位器（MOP）	×	×	×	×
12	双线制控制 1，模拟量调速	×（默认）	×	×	×
13	端子启动，模拟量调速，带安全功能	×	×	×	×
14	现场总线和电动电位器（MOP）切换	—	×	×	×
15	模拟量调速和电动电位器（MOP）切换	×	×	×	×
17	双线制控制 2，模拟量调速	×	×	×	×
18	双线制控制 3，模拟量调速	×	×	×	×
19	三线制控制 1，模拟量调速	×	×	×	×
20	三线制控制 2，模拟量调速	×	×	×	×
21	现场总线 USS 通信	×	—	—	—

注：×表示支持，—表示不支持。

📖 **小提示**

如果所有宏定义的接口方式都不能完全符合控制要求的应用，那么应选择与控制要求布线比较相近的接口宏，然后根据需要来调整输入/输出的配置。

CU240E-2 系列控制单元每种宏功能的详细介绍可自行到"西门子工业支持中心"的官网下载《CU240E-2 系列控制单元宏功能介绍》手册进行了解。

2.1.2 指令源和设定值源

通过预定义接口宏可以定义用什么信号来控制变频器启动，用什么信号来控制变频器输出速度，在预定义接口宏不能完全符合控制要求时，必须根据需要通过 BICO 功能来调整指令源和设定值源。

指令源和设定值源（视频）

1. 指令源

指令源是指变频器收到控制命令的接口。在设置预定义接口宏 p0015 时，变频器会自动对指令源进行定义。表 2-3 所列出的参数设置中，r0722.0、r0722.2、r0722.3、r2090.0、r2090.1 均为指令源。

两种修改指令源的方法如下。

（1）重新执行一次快速调试，另外选择一种变频器接口的分配方案。

表 2-3　变频器的指令源

参数号	设定值	说明
p0840	r0722.0	将数字输入 DI0（5 端子）定义为启动命令
	r2090.0	将现场总线控制字 1 的第 0 位定义为启动命令
p0844	r0722.2	将数字输入 DI2（7 端子）定义为 OFF2 命令
	r2090.1	将现场总线控制字 1 的第 1 位定义为 OFF2 命令
p2103	r0722.3	将数字输入 DI3（8 端子）定义为故障复位

（2）调整各个数字量输入的功能，或者修改现场总线的接口。

2. 设定值源

变频器通过设定值源收到主设定值，主设定值通常是电机的转速，设定值源有操作面板或计算机给定、模拟量输入给定、电动电位器给定、固定转速给定和现场总线给定，如图 2-1 所示。当变频器有两个给定信号并同时从不同的输入端输入时，其中必有一个为主设定值信号，另一个为附加设定值信号。附加设定值信号都是叠加到主设定值信号（相加或相减）上的。

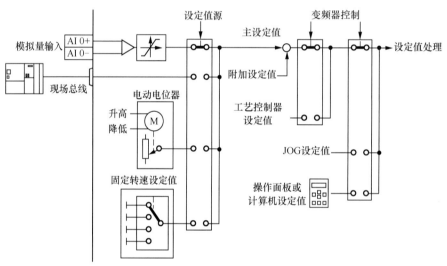

图 2-1　变频器的设定值源

在设置预定义接口宏 p0015 时，变频器会自动对设定值源进行定义。主设定值 p1070 的常用设定值源如表 2-4 所示。

表 2-4　主设定值源

参数号	参数功能	设定值	说明
p1070	主设定值	r1050	将电动电位器作为主设定值
		r0755.0	将模拟量输入 AI0 作为主设定值
		r0755.1	将模拟量输入 AI1 作为主设定值
		r1024	将固定转速（即多段速）作为主设定值
		r2050.1	将现场总线作为主设定值

上述给定方式中，操作面板给定、电动电位器给定、固定转速给定和现场总线给定属于数

字量给定。数字量给定时速度精度较高，且抗干扰能力强，因此优先选择数字量给定。

电压给定和电流给定都属于模拟量给定。因为电流信号在传输过程中，不受线路电压降、接触电阻及其压降、杂散的热电效应和感应噪声等的影响，抗干扰能力较强，因此优先选择电流给定。

2.1.3 双线制和三线制控制

变频器通过端子控制变频器启停运行有两大类控制方式：一类是通过两个控制指令对变频器进行控制，称为双线制控制；另一类是通过 3 个控制指令对变频器进行控制，称为三线制控制。

双线制和三线制控制（视频）

1. 双线制控制

双线制控制又叫开关信号控制。双线制控制需要两个控制指令进行控制，其接线图如图 2-2 所示，宏 12、宏 17 和宏 18 属于双线制控制，当 5 端子闭合时，电机正转，6 端子闭合时，电机反转。当 5 端子或 6 端子断开时，电机停止运行。双线制控制功能如表 2-5 所示。

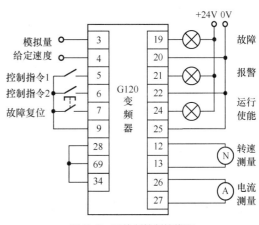

图 2-2 双线制控制接线图

表 2-5 双线制控制功能

宏编号	控制方法	控制指令		电机动作
		控制指令 1	控制指令 2	
宏 12	方法 1	正转启动（ON/OFF1）：用于接通和关闭电机	反向：用于切换电机旋转方向	
宏 17	方法 2	正转启动（ON/OFF1）	反转启动（ON/OFF1）	
		正转和反转指令 ON/OFF1 均能接通电机并选择旋转方向，仅在电机静止时，变频器才会接收新指令		
宏 18	方法 3	正转启动（ON/OFF1）	反转启动（ON/OFF1）	
		正转和反转指令 ON/OFF1 均能接通电机并选择旋转方向。变频器可随时接收控制指令		

📖 **注意**

宏 17 仅在电机静止时变频器才会接收新指令，如果正转和反转指令同时接通电机，电机旋转方向以第一个为"1"的信号为准；宏 18 与宏 17 的不同是，在宏 18 中变频器可随时接收控制指令，与电机是否旋转无关。如果正转和反转指令同时接通电机，电机停止运行。

2. 三线制控制

三线制控制又叫脉冲信号控制。三线制需要 3 个控制指令进行控制，其接线图如图 2-3 所示。宏 19 和宏 20 都属于三线制控制方式，当 5 端子闭合时，只需要给 6 端子或 7 端子一个脉冲信号，电机就可以正转或反转；5 端子断开，电机停止运行。三线制控制功能如表 2-6 所示。

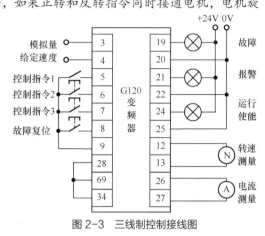

图 2-3　三线制控制接线图

表 2-6　三线制控制功能

宏编号	控制方法	控制指令			电机动作
		控制指令 1	控制指令 2	控制指令 3	
宏 19	方法 1	使能/OFF1	脉冲正转启动	脉冲反转启动	
		电机接通的前提条件是给出"使能"指令，正转和反转指令能同时接通电机并同时选择旋转方向。取消使能后，电机关闭（OFF1）			
宏 20	方法 2	使能/OFF1	脉冲正转启动	反向（换向）	
		电机接通的前提条件是给出"使能"指令。指令"ON"接通电机，指令"换向"，改变电机旋转方向。取消使能后，电机关闭（OFF1）			

项目实施

任务 1　使用 Startdrive 软件调试宏 12

一、任务导入

现有一台星形接法的三相异步电机，功率为 0.18kW，额定电流为 0.53A，额定电压为 380V，额定转速为 2 800r/min。采用变频器调节电机速度，5 端子控制电机启停，6 端子用于电机反向，7 端子进行故障复位，斜坡上升时间和斜坡下降时间均为 5s。转速通过模拟量输入 AI0（即 3、

4 端子）在 0～2 800r/min 之间进行调节（正反转调节），AI0 输入 0～10V 电压信号，参考速度 p2000=2 800r/min。

根据控制要求，请选择合适的宏命令，绘制变频器的接线图，设置参数，并用 Startdrive 软件进行模拟调试。

二、任务实施

【设备和工具】

控制单元 CU240E-2 PN-F 1 个、功率模块 PM240-2（400V，0.55kW）1 个、BOP-2 操作面板一个、三相异步电机 1 台、安装有 TIA Portal V15 和 Startdrive V15 软件的计算机 1 台、网线 1 根、开关/按钮若干、5kΩ 电位器 1 个、《SINAMICS G120 低压变频器操作说明》、通用电工工具 1 套。

使用 Startdrive
软件调试宏 12
（视频）

1. 硬件电路图

根据控制要求，选择宏 12，其默认的接线图如图 2-4 所示。

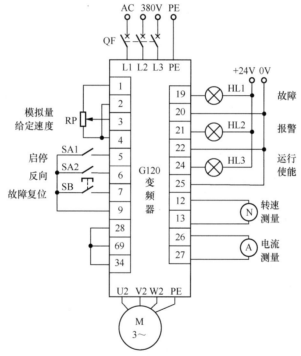

图 2-4　宏 12 接线图

📖 小提示

① 三脚电位器（阻值≥4.7kΩ）要把中间接线柱接到变频器的 3 端子上，其他两个引脚分别接变频器的 1、4 端子，变频器的 2、4 端子短接。28、34、69 端子也必须短接。

② 如图 2-4 所示有两个 PE/保护接地线接口，变频器必须在电源侧和电机侧接地，否则会有安全隐患，有时甚至会造成生命危险。

学海领航：扫码学习"安全用电与接地保护"。

2. 参数设置

设置宏 12 后，变频器自动设置的参数如表 2-7 所示，还需要手动设置表 2-8 中的参数。

表 2-7　变频器自动设置的参数

参数号	参数名称	设定值	说明
p0840[0]	ON/OFF1	r0722.0	数字量输入 5 端子（DI0）预置为启停命令
p1113[0]	设定值取反	r0722.1	数字量输入 6 端子（DI1）预置为电机反向命令
p2103[0]	应答故障	r0722.2	数字量输入 7 端子（DI2）预置为故障复位命令
p1070[0]	主设定值	r0755.0	模拟量输入 3、4 端子（AI0）作为主设定值
p0730	DO 0 的信号源	r0052.3	数字量输出 19、20 端子（DO0）设置为故障有效
p0731	DO 1 的信号源	r0052.7	数字量输出 21、22 端子（DO1）设置为报警有效
p0732	DO 2 的信号源	r0052.2	数字量输出 24、25 端子（DO2）设置为运行使能
p0771[0]	模拟量输出 AO0 的信号源	r0021	模拟量输出 12、13 端子（AO0）设置为转速输出
p0771[1]	模拟量输出 AO1 的信号源	r0027	模拟量输出 26、27 端子（AO1）设置为实际电流输出

表 2-8　与宏 12 相关需要手动设置的参数

参数号	参数名称	设定值	说明
p0756[0]	模拟输入类型	0	选择 0～10V 的电压信号作为模拟量输入 AI0 的速度给定信号
p0757[0]	模拟量输入特性曲线值 x1	0.0	模拟量输入 AI0：标定 x1 值
p0758[0]	模拟量输入特性曲线值 y1	0.0	模拟量输入 AI0：标定 y1 值
p0759[0]	模拟量输入特性曲线值 x2	10.0	模拟量输入 AI0：标定 x2 值
p0760[0]	模拟量输入特性曲线值 y2	100.0	模拟量输入 AI0：标定 y2 值
p1080	最小转速	0.000	设置变频器的最小运行速度为 0.000r/min
p1082	最大转速	2800.000	设置变频器的最大运行速度为 2 800.000r/min
p1120	斜坡函数发生器斜坡上升时间	5	设置加速时间 5s
p1121	斜坡函数发生器斜坡下降时间	5	设置减速时间 5s
p2000	参考转速	2800.00	设置参考转速为 2 800.00r/min

3. 参数修改

令 p0015=12 后，变频器会自动设置表 2-7 所示的参数。根据控制要求，需要用户手动设置表 2-8 中的参数。例如将斜坡上升时间和斜坡下降时间设置为 5s，其设置步骤如图 2-5 所示。

① 在项目树下双击"参数"选项。

② 在窗口右侧单击"参数视图"选项卡。

③ 选择"所有参数"，在参数列表中显示所有参数。

④ 在参数列表的"编号"中找到斜坡函数发生器斜坡上升时间 p1120[0]、斜坡函数发生器斜坡下降时间 p1121[0]，在参数的"值"一列，输入"5"，至此，参数设置成功。

按照上述设置参数的步骤，设置表 2-8 中的其他参数。

4. 使用 Startdrive 软件模拟调试变频器

使用 Startdrive 软件模拟外部开关和电压或电流信号对变频器进行模拟控制。

（1）模拟量输入端功能预设置和模拟控制

① 双击图 2-6 所示的项目树下的"参数"选项，在弹出的窗口左侧选择"输入/输出端"选项。

② 选择"模拟量输入端"选项，打开"模拟量输入端"界面。

③ 设置模拟量输入的属性为"[0]单极电压输入（0V…+10V）"，即 p0756[0]=0。

④ 选择"[1]模拟输入端×的模拟"。

图 2-5　参数设置

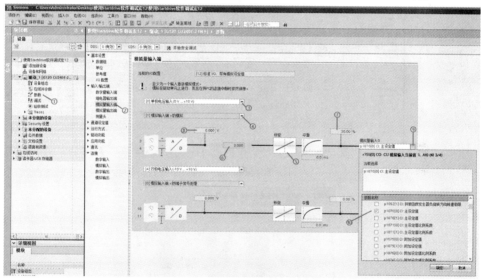

图 2-6　"模拟量输入端"界面

⑤ 单击"标定"图标,可以设置表 2-8 中 p0757[0]、p0758[0]、p0759[0]和 p0760[0]的参数值。

⑥ 在标记⑥处输入模拟给定电压 3V,此时变频器的 BOP-2 操作面板上显示给定速度 SP 是 840r/min。

⑦ 当在标记⑥处输入 3V 电压时,标记⑦处显示 30%,即 3V/10V=30%。

⑧ 如果标记④处选择的是"[0]模拟输入端 x 的端子信号处理",标记⑧处显示的将是通过 3、4 端子给定的外部电位器的实际电压值。

⑨ 单击标记⑨处的下拉按钮,弹出标记⑩处的模拟量输入 CI 的参数列表,选择修改 3、4 端子即 AI0 的端子功能参数 p1070[0]。

(2)数字量输入端功能预设置和模拟控制

① 选择图 2-7(a)所示的"数字量输入端"选项,弹出"数字量输入端"界面。可以看到 5、

6、7 端子对应的参数分别为 p0840[0]（启停）、p1113[0]（设定值取反）、p2103[0]（应答故障）。

② 将 5、6 端子设置为"模拟"，即模拟外部的开关。

③ 单击标记③处的复选框，出现"√"时，表示 5 端子闭合，变频器启动，经过 5s，变频器以840r/min 的速度稳定运行。再次单击标记③处的复选框，"√"消失，表示 5 端子断开，变频器停止运行。如果同时闭合 5 端子和 6 端子，变频器会以−840r/min 的速度运行（负号表示反向运行）。

④ 如果 5 端子模拟开关闭合，标记④处的圆点变为选中状态（绿色）。

⑤ 如果需要监控数字量输入端子外接实际开关的闭合情况，只需要在标记⑤处选择"端子检测"选项即可。

⑥ 此时如果 7 端子连接的实际开关闭合，则标记⑥处的圆点变为选中状态，表示 7 端子接通。

⑦ 单击标记⑦处的复选框，弹出图 2-7（b）所示的端子功能修改对话框，选中所需参数前的复选框即可。

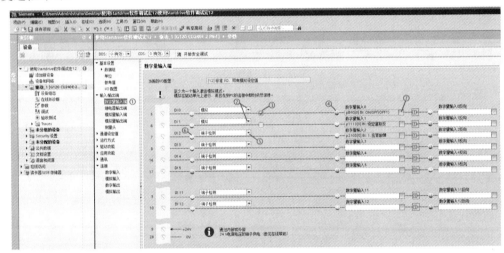

（a）"数字量输入端"界面

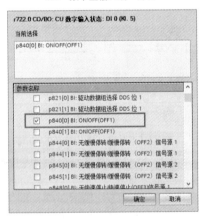

（b）数字量输入端子功能修改对话框

图 2-7 数字量输入端子功能修改及模拟控制

📖 **注意**

模拟端子完成模拟调试任务之后，必须将其恢复为"端子检测"功能，否则用外部开关无法控制变频器的运行。

5. 变频器状态监控与显示

使用 Startdrive 软件还可以监控输入/输出端子的状态以及运行数据。如图 2-8（a）所示是数字量输出［数字量输出包括继电器输出（18、19、20 和 23、24、25 端子）和晶体管输出（21、22 端子）］界面，它可以在标记①处显示数字量输出端子的功能［18、19、20 端子是故障端子（p0730=r0052.3）］，标记②处的圆点为选中状态（圆点为绿色），表示数字量输出端子闭合（21 和 22 端子闭合），标记③处显示输出触点的状态，标记④处可以修改数字量输出端子的功能。

如图 2-8（b）所示是"模拟量输出端"界面，在标记①处设置 12、13 端子输出 0～20mA 的电流信号，标记②处显示 12、13 端子的功能是输出已滤波的实际转速值，标记③处对输出转速与电流信号进行标定，标记④处显示的是 840r/min 转速对应的实际电流值 6mA，在标记⑤处修改模拟量输出端子的功能。

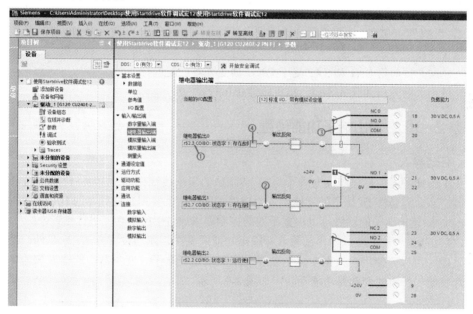

（a）数字量输出端界面

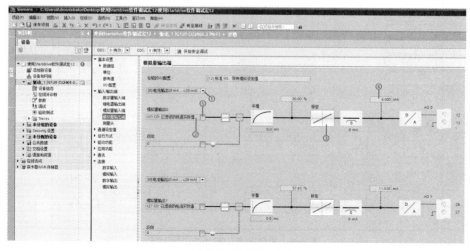

（b）"模拟量输出端"界面

图 2-8　变频器输出端子状态监控

6. 实际操作运行变频器

（1）启动。如图 2-4 所示，将启动开关 SA1（5 端子）处于 ON。变频器开始按照 p1120 设定的时间加速，最后稳定在某个速度上。如图 2-7（a）所示，将 5 端子选择为"端子检测"，此时，5 端子右侧的圆点变为选中状态。

（2）加速。顺时针缓慢旋转电位器（速度给定电位器），显示的速度数值逐渐增大，电机加速，当显示 840r/min 时，停止旋转电位器。根据变频器的模拟量给定电压与给定速度之间的线性关系，840r/min 对应的给定电压应该为 3V，此时，图 2-6 中的标记⑧处显示 3.000V，也可以在参数设置界面中找到监控参数 r0752[0]（显示模拟输入电压值）（拖动图 2-5 右侧的滚动条即可找到），观察其值是否等于 3，再找到监控参数 r0020（显示实际的转速设定值），观察其值是否为 840r/min。

（3）减速。逆时针缓慢旋转电位器，此时找到监控参数 r0752[0]，旋转电位器，让其输入电压为 2V，再找到 r0020，看其实际的转速设定值是否为 560r/min。最后将电位器旋转到底，观察电机是否停止运行。

（4）反向。同时将 SA1 和 SA2 处于 ON，则变频器反向运行。

（5）停止。断开启动开关 SA1，电机将停止运行。

任务 2　输入/输出端子功能预置

一、任务导入

任务 1 中变频器的启停和反向端子与宏 12 默认的端子接线相同，假如将变频器的启停用 16 端子控制，那么需要将 16 端子的功能预置为启停功能，这就要用到变频器的 BICO 功能。G120 变频器的输入/输出端子的功能可以根据不同的控制要求通过 BICO 功能进行预置。

BICO 功能是一种把变频器内部输入和输出功能联系在一起的设置方法。它是西门子变频器特有的功能，可以方便用户根据实际工艺要求来灵活定义端子。变频器中的输入和输出信号已通过特殊参数与特定的变频器功能互联，如图 2-9 所示。

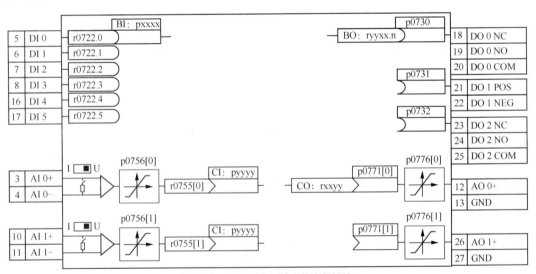

图 2-9　变频器输入/输出的内部接线

BI：二进制互联输入，该参数用来选择数字量信号源，通常与"p 参数"对应。

BO：二进制互联输出，该参数作为二进制输出信号，通常与"r 参数"对应。

CI：模拟量互联输入，该参数作为某个功能的模拟量输入接口，通常与"p 参数"对应。

CO：模拟量互联输出，该参数作为模拟量输出信号，通常与"r 参数"对应。

CO/BO：模拟量/二进制互联输出，是将多个二进制信号合并成一个"字"的参数，该字中的每一位都表示一个二进制互联输出信号，16 个位合并在一起表示一个模拟量互联输出信号。

某用户要求，通过变频器数字量输入端子 5、6、7、8、16、17 中的任意一个控制变频器启动，模拟量 AI1（10、11 端子）给定信号 6～12mA 时，变频器输出的速度是-1 500～1 500r/min，参考速度 p2000=1 500r/min，低于 6 mA 时会触发变频器的断线监控。请使用 Startdrive 软件修改变频器的输入/输出端子功能并确定定标曲线。

二、任务实施

【训练设备和工具】

控制单元 CU240E-2 PN-F 1 个、功率模块 PM240-2（400V，0.55kW）1 个、三相异步电机 1 台、安装有 TIA Portal V15 和 Startdrive V15 软件的计算机 1 台、网线 1 根、《SINAMICS G120 低压变频器操作说明》、通用电工工具 1 套。

G120 变频器输入端子功能的预置（视频）

1. 数字量输入端子功能的预置

CU240E-2 提供了 6 个数字量输入端子，在必要时，模拟量输入 AI0 和 AI1 也可以作为数字量输入使用。数字量输入 DI 对应的状态位如表 2-9 所示。数字量输入状态可以通过 BOP-2 操作面板或 Startdrive 调试软件上的参数 r0722 监控。

表 2-9　数字量输入 DI 对应的状态位

数字量输入编号	端子号	数字输入状态位	数字量输入编号	端子号	数字输入状态位
数字输入 0，DI0	5	r0722.0	数字输入 4，DI4	16	r0722.4
数字输入 1，DI1	6	r0722.1	数字输入 5，DI5	17	r0722.5
数字输入 2，DI2	7	r0722.2	数字输入 11，DI11	3、4	r0722.11
数字输入 3，DI3	8	r0722.3	数字输入 12，DI12	10、11	r0722.12

如果需要修改数字量输入端子的功能，必须将数字量输入端子的状态参数与选中的二进制互联输入连接在一起，如图 2-10 所示。变频器常用的数字量输入（BI）如表 2-10 所示。

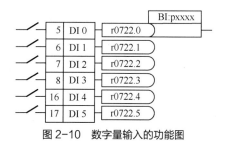

图 2-10　数字量输入的功能图

为了将模拟量输入用作附加的数字量输入，必须将相应的状态参数 r0722.11 和 r0722.12 的其中一个与选中的 BI 连接在一起，如图 2-11 所示。

📖 **注意**

只允许在 10 V 或 24 V 的条件下将模拟量输入用作数字量输入，此时必须将模拟量输入开关置于"电压"（U）位置。

表 2-10　变频器常用数字量输入（BI）

BI	含义	BI	含义
p0810	指令数据组选择 CDS 位 0	p1036	电动电位器设定值降低
p0840	ON/OFF1	p1055	JOG 位 0
p0844	OFF2	p1056	JOG 位 1
p0848	OFF3	p1113	设定值取反
p0852	使能运行	p1201	捕捉再启动使能的信号源
p0855	强制打开抱闸	p2103	应答故障
p0856	使能转速控制	p2106	外部故障 1
p0858	强制闭合抱闸	p2112	外部警告 1
p1020	固定转速设定值选择位 0	p2200	工艺控制器使能
p1021	固定转速设定值选择位 1	p3330	双线/三线控制器的控制指令 1
p1022	固定转速设定值选择位 2	p3331	双线/三线控制器的控制指令 2
p1023	固定转速设定值选择位 3	p3332	双线/三线控制器的控制指令 3
p1035	电动电位器设定值升高		

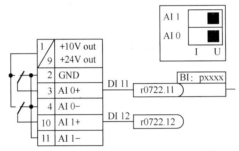

图 2-11　模拟量输入用作数字量输入的功能图

修改数字量输入功能示例如表 2-11 所示。

表 2-11　修改数字量输入功能示例

示例	使用 BOP-2 修改	使用 Startdrive 修改
使用 DI0 应答故障： 	设置 p2103=r0722.0	单击图 2-7（a）中的标记⑦处，在弹出的图 2-7（b）的数字量输入端子功能修改对话框中更改输入功能
使用 DI2 启动电机： 	设置 p0840=r0722.2	

2. 模拟量输入端子功能的预置

CU240B-2 提供 1 路模拟量输入，CU240E-2 提供 2 路模拟量输入，即 AI0（3、4 端子）和 AI1（10、11 端子），如图 2-9 所示。2 路模拟量相关参数分别在下标[0]和[1]中设置。通过变频器的模拟量输入端子 AI0 或 AI1 从外部输入模拟量信号（电压或电流）进行给定，并通过调节模拟量的大小来改变变频器的输出速度。

（1）模拟量输入端子功能预置

模拟量输入作为设定值源时，只需要将用户选择的 CI 参数（例如主设定值源 p1070）与 r0755 互联，如图 2-12 所示。参数 r0755 的下标表示对应的模拟量输入，例如：r0755[0]表示模拟量输入 0，r0755[1] 表示模拟量输入 1。变频器常用的 CI 参数如表 2-12 所示。

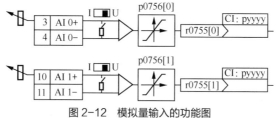

图 2-12　模拟量输入的功能图

表 2-12　变频器常用的模拟量输入（CI）

CI	含义	CI	含义
p1070	主设定值	p1522	扭矩上限
p1075	附加设定值	p2253	工艺控制器设定值
p1503	扭矩设定值	p2264	工艺控制器实际值
p1511	附加扭矩 1		

修改模拟量输入功能的示例如表 2-13 所示。

表 2-13　修改模拟量输入功能示例

示例	使用 BOP-2 修改	使用 Startdrive 修改
模拟量输入 0 是主设定值的信号源： `3 AI 0+ — r0755 > 755[0] — p1070`	设置 p1070[0]=r0755.0	在图 2-6 中的标记⑨处单击，在弹出的模拟量输入 CI 的参数列表⑩中选择"p1070[0]"

（2）模拟量输入类型的选择

可以分别通过 p0756[0]（AI0）和 p0756[1]（AI1）设置 2 路模拟量输入信号的类型，如表 2-14 所示。

表 2-14　p0756 参数解析

参数号	设定值	参数功能	说明
p0756	0	单极性电压输入：0～10V	带监控是指模拟量输入通道具有监控功能，能够检测断线
	1	带监控的单极性电压输入：2～10V	
	2	单极性电流输入：0～20mA	
	3	带监控的单极性电流输入：4～20mA	
	4	双极性电压输入（出厂设置）：-10～10V	

p0756 的设定（模拟量输入类型）必须与 AI 对应的开关 DIP（1，2）的设定相匹配，该开关位于控制单元正面保护盖的后面，如图 1-15 中的标记⑥处。

电压输入：开关位置 U（出厂设置）。

电流输入：开关位置 I。

（3）模拟量输入曲线的定标

模拟给定电压、给定电流与给定速度之间存在线性关系，线性的速度给定定标曲线由两个点 A（p0757，p0758）和 B（p0759，p0760）确定，如图 2-13 所示，横轴表示模拟给定电压或电流值，纵轴是与模拟给定电压或给定电流对应的给定速度与参考速度 p2000 的百分比，这 4 个参数的含义如表 2-15 所示。参数 p0757～p0760 的一个下标分别对应了一个模拟量输入，例如：参数 p0757[0]～p0760[0] 表示模拟量输入 0。

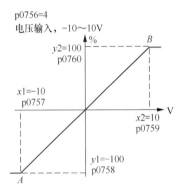
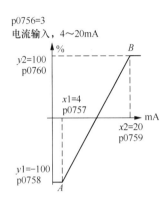

（a）电压给定的定标　　　　　　　　（b）电流给定的定标

图 2-13　定标曲线

表 2-15　模拟量输入参数设置及监控参数表

参数号	参数功能	出厂值	说明
p0757	模拟量输入特性曲线值 x1	0.000	曲线第 1 个点的 x 坐标（V，mA）
p0758	模拟量输入特性曲线值 y1	0.00	曲线第 1 个点的 y 坐标（p200x 的百分值） p200x 是参考值参数，例如：p2000 是参考转速
p0759	模拟量输入特性曲线值 x2	10.00	曲线第 2 个点的 x 坐标（V，mA）
p0760	模拟量输入特性曲线值 y2	100.00	曲线第 2 个点的 y 坐标（p200x 的百分值） p200x 是参考值参数，例如：p2000 是参考转速
p0761	模拟量输入断线监控动作阈值	2.00	模拟量输入的断线监控动作阈值
r0020	已滤波的转速设定值	—	当前已滤波的转速设定值
r0752	模拟输入当前输入电压/电流	—	以 V（或 mA）为单位的经过平滑的模拟输入电压（或电流）值

（4）定标曲线的标定

预定义的曲线和实际应用不符时，需要自定义定标曲线。下面我们对本任务导入时要求的定标曲线进行确定。

根据控制要求可知：与 6mA 对应的速度为 −1 500r/min，与 12mA 对应的速度为 1 500r/min，做出的定标曲线如图 2-14 所示。

此时应设置的参数如下。

p0756[1]=3，选择带监控的单极电流输入，同时把 DIP1 开关置于"I"位置。

A 点坐标：p0757[1]=6.000mA，p0758[1]= −1500/1500=−100.00%。

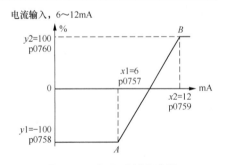

图 2-14　应用示例定标曲线

B 点坐标：p0759[1]=12.000mA，p0760[1]= 1 500/1 500=100.00%。

参考速度 p2000=1 500r/min。

p0761[1]=6mA，10、11 端子输入电流小于 6 mA 会导致故障码 F03505 出现。

如果调节 10、11 端子上接的电流源使 r0752[1]= 8mA，根据定标曲线计算出其对应的速度为−500r/min，这时观察 r0020 的值为−500r/min。

定标曲线的标定
实例（视频）

📖 **小提示**

定标曲线设置好后，在变频器运行时，可以通过参数 r0752（模拟量输入当前的电压或电流）及 r0020（转速设定值）之间的对应数值关系来观察定标曲线的设置是否正确。

3. 数字量输出端子功能的预置

可以将变频器当前的状态以数字量的形式用继电器输出，方便用户通过输出继电器的状态来监控变频器的内部状态量。数字量输出逻辑可以进行取反操作，即通过操作参数 p0748 的每一位更改，或者通过 Startdrive 软件在图 2-8（a）中单击"输出反向"复选框修改。3 路数字量输出端子对应的参数意义如表 2-16 所示。

表 2-16　数字量输出端子的参数意义及部分设定值

数字量输出编号	端子号	参数号	出厂值	说　　明	输出状态
数字输出 0，DO0	18、19、20	p0730	r0052.3	变频器故障有效	继电器得电
数字输出 1，DO1	21、22	p0731	r0052.7	变频器报警有效	继电器得电
数字输出 2，DO2	23、24、25	p0732	r0052.2	变频器运行使能	继电器得电

如果需要修改数字量输出端子的功能，必须将数字量输出与选中的二进制互联输出 BO 连接在一起，如图 2-15 所示。变频器常用数字量输出（BO）如表 2-17 所示。

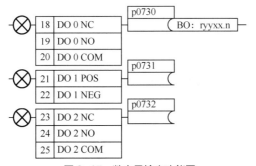

G120 变频器输
出端子功能的
预置（视频）

图 2-15　数字量输出功能图

表 2-17　变频器常用数字量输出（BO）

BO	含义	BO	含义
0	禁用数字量输出	r0052.5	OFF3 生效
r0052.0	接通就绪	r0052.6	"接通禁止"生效
r0052.1	运行就绪	r0052.7	存在报警
r0052.2	运行使能	r0052.8	设定/实际转速偏差
r0052.3	存在故障	r0052.9	控制请求
r0052.4	OFF2 生效	r0052.10	达到最大转速

续表

BO	含义	BO	含义
r0052.11	达到 I、M、P 极限	r0052.15	变频器报警
r0052.12	电动机抱闸	r0053.0	直流制动生效
r0052.13	超温报警	r0053.2	实际转速 > p1080（最小转速）
r0052.14	电机正转	r0053.6	实际转速 ≥ 设定值（设定转速）

修改数字量输出功能的示例如表 2-18 所示。

表 2-18　修改数字量输出功能示例

示例	使用 BOP-2 修改	使用 Startdrive 修改
通过数字量 DO1 报告故障 r0052.3 → p0731 (52.3) → 21 DO 1 / 22	设置 p0731=r0052.3	在图 2-8（a）中的标记④处单击，在弹出的数字量输出端子功能修改界面中更改输出功能

4. 模拟量输出端子功能的预置

CU240E-2 提供 2 路模拟量输出：12、13 端子和 26、27 端子，相关参数以[0]和[1]下标区分。使用参数 p0776 确定模拟量输出的类型，模拟输出信号与所设置的物理量呈线性关系。

p0776[x] = 0，0～20 mA 电流输出（出厂设置）；

p0776[x] = 1，0～10V 电压输出；

p0776[x] = 2，4～20 mA 电流输出。

确定模拟量输出的功能只需要将用户选择的 CO 与参数 p0771 相连，如图 2-16 所示。参数 p0771 的下标表示对应的模拟量输出，例如：p0771[0]表示模拟量输出 0。变频器常用模拟量输出（CO）如表 2-19 所示。

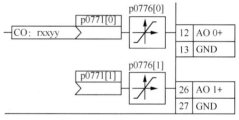

图 2-16　模拟量输出端子的功能图

表 2-19　变频器常用的模拟量输出（CO）

CO	含义	CO	含义
r0021	转速实际值	r0026	经过滤波的直流母线电压
r0024	输出频率	r0027	已滤波的电流实际值
r0025	实际输出电压		

修改模拟量输出功能的示例如表 2-20 所示。

表 2-20　修改模拟量输出功能示例表

示例	使用 BOP-2 修改	使用 Startdrive 修改
通过模拟量输出 0 输出变频器的输出电流 |i| r0027 → p0771 (27) → 12 AO 0+	设置 p0771[0]=r27	在图 2-8（b）中的标记⑤处单击，在弹出的模拟量输出端子功能修改界面中更改输出功能

任务 3　电流给定的变频器正反转运行

一、任务导入

变频器在实际使用中经常用于控制各类机械正反转。例如：机床的前进/后退、上升/下降、进刀/回刀等，所有这些都需要电机的正反转运行。现有一台三相异步电机，它的功率为 1.1kW，额定电流为 2.5A，额定电压为 380V。变频器采用外部端子控制变频器正反转运行，7 端子控制变频器正转，8 端子控制变频器反转，16 端子控制变频器故障复位。用模拟量 AI1 给定 6～12mA 电流信号，让变频器运行在 −1 500～1 500r/min 的输出速度范围，当给定电流信号小于 6mA 时，启动模拟输入的断线监控响应。

如果采用宏 18 对变频器进行控制，其默认的预定义接口宏不能完全符合上述控制要求，必须通过 BICO 功能来设置变频器输入端子的功能。请根据控制要求，画出变频器的接线图，设置参数，并进行调试运行。

二、任务实施

【设备和工具】

控制单元 CU240E-2 PN-F 1 个、功率模块 PM240-2（400V，0.55kW）1 个、BOP-2 操作面板 1 个、三相异步电机 1 台、安装有 TIA Portal V15 和 Startdrive V15 软件的计算机 1 台、网线 1 根、开关/按钮若干、电流源 1 个（输出 0～20mA）、《SINAMICS G120 低压变频器操作说明》、通用电工工具 1 套。

电流给定的变频
器正反转运行
（视频）

1. 硬件电路图

根据控制要求，变频器的接线图如图 2-17 所示。

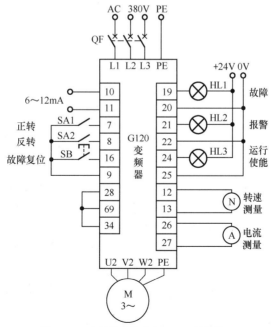

图 2-17　电流给定的变频器正反转接线图

2. 参数设置

根据本项目任务 2 中模拟量输入给定 6～12mA 电流信号的定标曲线标定，变频器的参数设置如表 2-21 所示。

表 2-21　电流给定调节变频器速度的参数设置

参数号	参数名称	出厂值	设定值	说明
p0010	驱动调试参数筛选	1	1	开始快速调试
p0015	宏命令	7	18	驱动设备宏命令，这里选择宏 18
*p0840[0]	ON/OFF(OFF1)	r2090.0	r3333.0	由双线制信号启动变频器
*p1113[0]	设定值取反	r2090.11	r3333.1	由双线制信号控制变频器反转
p3330[0]	双线制/三线制控制指令 1	0	r0722.2	将 7 端子（DI2）预置为双线制正转启动命令
P3331[0]	双线制/三线制控制指令 2	0	r0722.3	将 8 端子（DI3）预置为双线制反转启动命令
p2103[0]	应答故障	r2090.7	r0722.4	将 16 端子（DI4）预置为故障复位命令
p1070[0]	主设定值	r2050.1	r0755.1	选择模拟量 AI1（10、11 端子）作为主设定值
p1080[0]	最小转速	0.000	0.00	电机的最小转速为 0r/min
p1082[0]	最大转速	1500	1500.00	电机的最大转速为 1 500r/min
p1120[0]	斜坡函数发生器斜坡上升时间	10.000	5.000	斜坡加速时间（5s）
p1121[0]	斜坡函数发生器斜坡下降时间	10.000	5.000	斜坡减速时间（5s）
p0756[1]	模拟量输入类型	4	3	选择带监控的单极电流输入，同时把 DIP2 开关置于"I"位置
p0757[1]	模拟量输入特性曲线值 x1	0.000	6.000	设定 AI1 通道给定电流的最小值 6mA
p0758[1]	模拟量输入特性曲线值 y1	0.00	-100.00	设定 AI1 通道给定转速-1 500r/min 对应的百分比-100.00%
p0759[1]	模拟量输入特性曲线值 x2	10.000	12.000	设定 AI1 通道给定电流的最大值 12mA
p0760[1]	模拟量输入特性曲线值 y2	100.00	100.00	设定 AI1 通道给定转速 1 500r/min 对应的百分比 100.00%
p0761[1]	模拟输入断线监控动作阈值	2.00	6	低于 6mA 时会触发变频器的断线监控
p2000[1]	参考转速	1500.00	1500.00	设置参考转速

注：① 按照表 1-15 设置电机的参数。电机参数设置完成后，设置 p0010=0，变频器可正常运行；

　　② 输出端子的参数* p0730、*p0731、*p0732、*p0771[0]、*p0771[1]与表 2-7 相同；

　　③ 带*号的参数是选择宏 18 后变频器自动设置的参数，不需要手动设置。

3. 操作运行

按图 2-17 所示的电路接好线，并将表 2-21 中的参数设置到变频器中。

（1）正转和反转运行。将 10、11 端子上的电流给定调节到 10mA，并将正转启动开关 SA1 处于闭合，此时运行指示灯 HL3 点亮，变频器开始按照 p1120 设定的时间加速，最后稳定在 500r/min 的速度上，转速表和电流表显示变频器的实际转速和输出电流。根据变频器的模拟量给定电流与给定速度之间的线性关系，-1 000r/min 对应的给定电流应该为 7mA，此时，找到监控参数 r0752[1]（显示模拟输入电流值），观察其值是否等于 7mA，再找到监控参数 r0020（显示实际的转速设定值），观察其值是否为-1 000r/min。

开关状态、给定电流和变频器转速、电机旋转方向之间的关系如表 2-22 所示。

📖 **注意**

本任务只用一个开关就能实现变频器的正反转控制，这里用两个开关的目的是进一步理解正反转端子状态，给定电流范围均对电机的最终旋转方向有影响。

表 2-22 开关状态、给定电流和变频器转速、电机旋转方向之间的关系

开关	给定电流范围	变频器调速范围	电机旋转方向
SA1 闭合	6～9mA	–1 500～0r/min	反转
	9～12mA	0～1 500r/min	正转
SA2 闭合	6～9mA	0～1 500r/min	正转
	9～12mA	–1 500～0r/min	反转
SA1 和 SA2 同时闭合	电机停止运行		

（2）断线监控。如果调节 10、11 端子上的电流源使其小于 6mA，变频器在 BOP-2 操作面板上显示 F3505 的断线故障码，变频器输出端子 19 和 20 闭合，故障指示灯 HL1 灯点亮，变频器停止运行。这时需要将电流给定调节到 6～12mA 的范围内，然后按下 16 端子上的故障复位按钮 SB，故障码 F3505 才会消失，HL1 灯熄灭，变频器才能再次运行。

（3）停止。断开 SA1 或 SA2，电机将停止运行。

项目延伸 三线制控制的变频器正反转运行

某变频器分别由 5 端子、6 端子、7 端子控制变频器使能、正转脉冲启动、反转脉冲启动，模拟量 AI0 通道（3、4 端子）给定 2～10V 的电压信号，使变频器在 0～1 500r/min 调速，斜坡上升时间和斜坡下降时间均为 5s，参考速度 p2000=1 500r/min。根据《CU240E-2 系列控制单元宏功能介绍》手册和知识链接 2.1.3 节的帮助，请完成下面的任务。

三线控制变频器正反转运行接线图（文档）

三线控制变频器正反转运行的参数设置（文档）

1. 根据控制要求，请参考图 2-3 画出变频器的接线图。

2. 根据控制要求，将变频器的参数设定值填入表 2-23。

表 2-23 三线制控制的变频器正反转运行参数设置

参数号	设定值	参数号	设定值
p0015		p1120[0]	
p0840[0]		p1121[0]	
p1113[0]		p0756[0]	
p3330[0]		p0757[0]	
P3331[0]		p0758[0]	
p3332[0]		p0759[0]	
p1070[0]		p0760[0]	
p1080[0]		p0761[0]	
p1082[0]		p2000[0]	

3. 运行调试。

课堂笔记

老子在《道德经》中曾经说："天下难事，必作于易；天下大事，必作于细。"本项目的宏17和宏18的接线图及参数设置均相同，只是变频器的运行有细微差异。请同学们借助本项目的知识链接、配套视频和实践训练等总结这两种宏的异同，完成以下问题并记录在课堂笔记上。

1. 用思维导图总结本项目的知识点和技能点。

2. 宏17和宏18均属于双线制控制，试写出这两种宏的相同点和不同点。

项目评价

由小组中的项目负责人总结本小组的知识掌握情况和项目完成情况，并在课堂上进行汇报。总结主要包括3个方面：用思维导图总结本项目的知识点和技能点；项目实施和项目延伸的成果展示；项目实施过程中遇到的问题及经验分享。

按照表2-24，对本项目进行评价。评价成绩统一采用A（优秀）、B（良好）、C（合格）、D（努力）4档。该评价成绩作为本课程的过程考核成绩计入最终考核成绩。

表2-24　模拟量给定运行功能调试项目评价表

评价分类	评价内容	评价标准	自我评价	教师评价	总评
专业知识	引导问题	① 正确完成100%及引导的问题，得A； ② 正确完成80%及以上、100%以下的，得B； ③ 正确完成60%及以上、80%以下的，得C； ④ 其他得D			
	课堂笔记	① 完成项目2.1的知识点和技能点的总结； ② 比较宏17和宏18的异同			
专业技能	任务1	① 能正确绘制宏12的接线图并设置参数； ② 使用Startdrive调试工具调试宏12； ③ 使用外部开关和三脚电位器调速宏12			
	任务2	① 能使用Startdrive软件预置输入和输出端子的功能； ② 能正确标定速度给定定标曲线			
	任务3	① 会绘制电流给定的变频器正反转控制接线图； ② 能正确标定电流给定定标曲线并设置参数； ③ 能正确调试电流给定的变频器正反转运行			

续表

评价分类	评价内容	评价标准	自我评价	教师评价	总评
专业技能	项目延伸	① 画出三线制控制的变频器正反转硬件接线图； ② 根据控制要求，正确设置变频器参数并调试			
职业素养	6S 管理	① 工位整洁、工器具摆放到位； ② 导线无浪费，废品清理分类符合要求； ③ 按照安全生产规程操作设备			
	展示汇报	① 能准确并流畅地描述出本项目的知识点和技能点； ② 能正确展示并介绍项目延伸实施成果； ③ 能大方得体地分享所遇到的问题及解决方法			
	沟通协作	① 善于沟通，积极参与； ② 分工明确，配合默契			
自我总结	优缺点分析				
	改进措施				

电子活页拓展知识　变频器的启动和制动功能

变频器在运行过程中，通常还需要对设定值进行取反、禁用旋转方向等功能进行设置。另外还需要对斜坡函数发生器的斜坡上升时间和斜坡下降时间进行设置，防止变频器启动过程电流过大、制动过程电压过大等问题出现。请扫码学习"变频器的启动和制动功能"。

变频器的启动和制动功能（文档）

自我测评

1. 填空题

（1）BICO 功能是一种把变频器内部_____和_____功能联系在一起的设置方法。

（2）G120 变频器中，启动命令的参数是_____，主设定值的参数是_____，设定值取反的参数是_____，应答故障的参数是_____。

（3）5 端子对应的状态位是_____，16 端子对应的状态位是_____。

（4）BI 是二进制互联_____，通常与"_____参数"对应。BO 是二进制互联_____，通常与"_____参数"对应。CI 是_____互联输入，通常与"_____参数"对应。CO 是模拟量互联_____，通常与"_____参数"对应。

（5）如果将 16 端子预置为启动命令，需要将_____=_____。如果将模拟量 AI1 作为主设定值源，需要令 p1070[0]=_____。

（6）模拟量给定方式即通过变频器的模拟量端子_____或_____从外部输入模拟量信号进行给定。如果选择电流给定，需要将 DIP 开关拨到_____位置。

（7）模拟量输入类型的选择参数是_____。

（8）某变频器需要预置抑制区间为 1 800～2 200r/min，可预置的转速跳跃点 p1091=_____r/min，转速跳跃点带宽 p1101=_____r/min。

（9）如果将变频器的 DO0 的功能预置为变频器报警有效，需要设置参数_____=_____。

2．简答题

（1）G120 变频器的模拟量输入通道有几个？电压输入和电流输入的量程标准是多少？如何通过 DIP 开关设置电压输入和电流输入？模拟量给定曲线用哪 4 个参数进行标定？

（2）什么是双线制控制和三线制控制？

3．分析题

（1）某变频器采用外部模拟给定，信号为 4～20mA 的电流信号，对应变频器的输出速度为 0～1 440r/min，已知系统的参考速度 p2000 = 1 200r/min。试解决下列问题。

① 根据已知条件做出定标曲线并设置相关参数，将给定电流对应的输出速度填写在表 2-25 中。

② 如果受生产工艺的限制，已设置最大速度为 p1082=960r/min，则表 2-25 中的数据如何填写？

③ 若传动机构固有的机械谐振速度为 540r/min，该如何处理？

表 2-25　变频器的给定电流与实际运行速度之间的关系

给定电流/mA	4	6	8	10	12	14	16	18	20
输出速度/（r/min）									

（2）利用变频器外部端子实现电机正转、反转和点动的功能，5 端子为正转点动端子，6 端子为反转点动端子，7 端子为正转端子，8 端子为反转端子，由 3、4 端子给定 2～10V 的模拟量电压信号，控制变频器在 0～2 800r/min 之间调速。变频器斜坡函数发生器的斜坡上升时间和下降时间均为 4s，点动速度为 200r/min。试判断如何选择宏命令，画出变频器的接线图并进行参数设置。

项目2.2
电动电位器给定功能调试

02

引导问题

1. 如果需要将 7 端子预置为升速端子功能，则应将_____=r0722.2，如果需要将 17 端子预置为降速端子功能，则应将_____=r0722.5。

2. 电动电位器给定速度信号时，需要将主设定值 p1070=_____。

知识链接　电动电位器（MOP）功能及宏命令 9

1. 电动电位器功能

电动电位器功能用来模拟真实的电位器，通过变频器数字量输入端子的"升高电动电位器设定值"或"降低电动电位器设定值"功能控制变频器速度的升降，又称为升降速端子功能。电动电位器的输出值可连续调整，如图 2-18 所示，需要设置的参数如表 2-26 所示。

电动电位器
（MOP）功能
（视频）

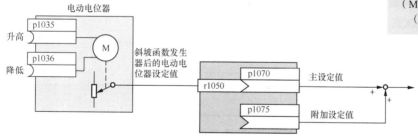

图 2-18　电动电位器作为设定值源

表 2-26　电动电位器给定时的参数设置

参数号	参数功能	设定值	说明
p1070	主设定值	r1050	主设定值与电动电位器的输出端互联
p1035	电动电位器设定值升高	r0722.0～r0722.5	用于连续升高设定值的信号源，将该信号与用户选择的数字量输入互联。例如：p1035=r0722.2，将 7 端子预置为升速功能
p1036	电动电位器设定值降低	r0722.0～r0722.5	用于连续降低设定值的信号源，将该信号与用户选择的数字量输入互联。例如：p1036=r0722.3，将 8 端子预置为降速功能

续表

参数号	参数功能	设定值	说明
p1037	电动电位器最大转速	0.000	变频器将电动电位器输出限制在 p1037 内
p1038	电动电位器最小转速	0.000	变频器将电动电位器输出限制在 p1038 内
p1040	电动电位器初始值	0.000	在电机接通时生效的起始值。出厂设置：0r/min
p1047	电动电位器斜坡上升时间	10.000	MOP 加速时间，出厂设置：10s
p1048	电动电位器斜坡下降时间	10.000	MOP 减速时间，出厂设置：10s

2. 宏命令 9

与电动电位器给定相关的宏有宏命令 8、宏命令 9 和宏命令 15，这里只介绍宏命令 9，其他两个宏命令可以查看《CU240E-2 系列控制单元宏功能介绍》手册。

宏命令 9 的接线图如图 2-19 所示，电机的启停通过数字量输入 5 端子控制，转速通过电动电位器（MOP）调节，6 端子预置为升速功能，7 端子预置为降速功能。

如果一直闭合 5 端子，则：

6 端子接通→电机正向升速（或反向降速）；

6 端子断开→电机速度保持；

7 端子接通→电机正向降速（或反向升速）；

7 端子断开→电机速度保持。

如果断开 5 端子，则变频器停止运行。

📖 **小提示**

速度可通过 6 端子和 7 端子在 p1037 和 p1038 之间改变。

电动电位器给定调速的功能图如图 2-20 所示。

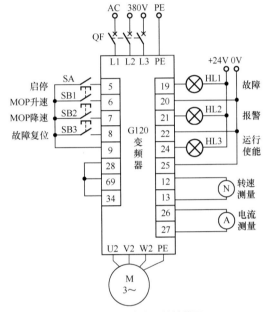

图 2-19　宏命令 9 的接线图

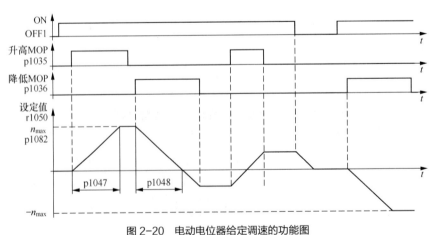

图 2-20　电动电位器给定调速的功能图

采用升、降速端子给定的优点如下：

① 升、降速端子给定属于数字量给定，精度较高；

② 用按钮来调节速度，操作简便，且不易损坏；

③ 因为是开关量控制，故不受线路电压降等的影响，抗干扰性能极好。

项目实施

任务　电动电位器功能的预置与运行

一、任务导入

恒压供水控制系统如图 2-21 所示，水泵将水箱中的水压入管道中，由水龙头控制出水口的流量。将水龙头关小时，出水口流量减小，管道中的水压增加；将水龙头开大时，出水口流量增加，管道中的水压减小。在管道上安装一接点压力表 PS，此接点压力表中安装有继电器输出型的上限压力触点和下限压力触点。这两个压力触点可根据需要进行调整，既可以调整每个触点的压力范围，又可以调整这两个触点的压差大小。当管道压力达到 0.6MPa 时，上限压力触点闭合，7 端子接通，水泵转速降低；当管道压力下降到 0.3MPa 时，下限压力触点闭合，6 端子接通，水泵转速升高。变频器利用接点压力表发出的上、下限压力信号调整水泵输出转速，使管道中的水压达到恒定（0.3～0.6MPa）。试用变频器 6、7 端子的升降速功能实现恒压供水控制，画出控制系统的接线图，设置参数并进行调试。

电动电位器功能的预置与运行（视频）

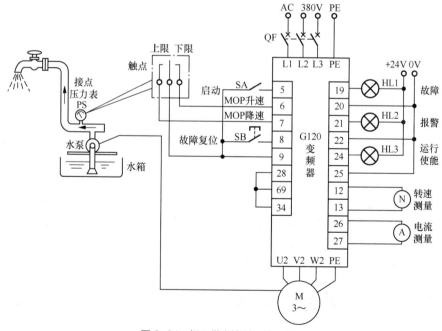

图 2-21　恒压供水控制系统示意图

二、任务实施

【设备和工具】

控制单元 CU240E-2 PN-F 1 个、功率模块 PM240-2（400V，0.55kW）1 个、BOP-2 操作面

板 1 个、三相异步电机 1 台、安装有 TIA Portal V15 和 Startdrive V15 软件的计算机 1 台、网线 1 根、开关/按钮若干、接点压力表 1 个（可用两个按钮取代）、《SINAMICS G120 低压变频器操作说明》、通用电工工具 1 套。

1. 硬件接线

按照图 2-21 接线。

2. 参数设置

按照表 2-27 所示设置参数。

表 2-27　恒压供水控制系统的参数设置

参数号	参数名称	出厂值	设定值	说明
p0010	驱动调试参数筛选	1	1	开始快速调试
p0015	宏命令	7	9	驱动设备宏命令，这里选择宏命令 9
*p0840[0]	ON/OFF(OFF1)	r2090.0	r0722.0	将 5 端子（DI0）的功能预置为启停功能
*p1035[0]	电动电位器设定值升高	r2090.13	r0722.1	将 6 端子（DI1）的功能预置为升速功能
*p1036[0]	电动电位器设定值降低	r2090.13	r0722.2	将 7 端子（DI2）的功能预置为降速功能
*p2103[0]	应答故障	r2090.7	r0722.3	将 8 端子（DI3）的功能预置为故障复位功能
p1040	电动电位器初始值	0.000	200.000	电动电位器初始值为 200r/min
p1047	电动电位器斜坡上升时间	10.000	5.000	MOP 加速时间
p1048	电动电位器斜坡下降时间	10.000	5.000	MOP 减速时间
*p1070[0]	主设定值	2050.1	r1050	MOP 作为主设定值
p1037[0]	电动电位器最大转速	0.000	1500.00	电机的最大转速 1 500r/min
p1038[0]	电动电位器最小转速	0.000	200.00	电机的最小转速 200r/min
p2000[0]	参考转速	1500.00	1500.00	设置参考转速

注：① 按照表 1-15 设置电机的参数。电机参数设置完成后，设置 p0010=0，变频器可正常运行；

② 带*号的参数是选择宏命令 9 后变频器自动设置的，不需要手动设置。

3. 运行操作

（1）启动。如图 2-21 所示，闭合 5 端子上的开关，变频器以 p1040 中设置的 200r/min 的初始速度运行。

（2）速度调节。按下 7 端子上的按钮（模拟压力表的上限压力触点），变频器转速下降，水泵的转速和流量也下降，从而使压力下降，松开 7 端子上的按钮，变频器保持松开时的速度运行；按下 6 端子上的按钮（模拟压力表的下限压力触点），变频器转速上升，水泵的转速和流量也上升，从而使压力升高，松开 6 端子上的按钮，变频器保持松开时的速度运行。

（3）停止。断开 5 端子上的开关，变频器停止运行。

项目延伸　变频器的两地控制

变频器的两地控制（文档）

在实际生产中，常常需要在两个或多个地点都能对同一台电机进行升、降速控制。例如，某厂的锅炉风机在实现变频调速时，要求在炉前和楼上控制室都能调速，调速范围是 0～1 200r/min。如图 2-22 所示，7 端子控制变频器启动，26、27 端子之间连接两个转速表，分别安装在 A、B 两地。18、20 端子是故障端子，一旦变频器发生故障，该端子断开，接触器 KM 线圈失电，将变频器的电源切除。图 2-22（a）是利用变频器的升、降速端子实现两地控制的电路图，8 和 16 端子控制变频器升速和降速。SB3 和 SB4 是 A 地的升、降速按钮；SB5 和 SB6 是 B 地的升、降速按钮。图 2-22（b）是利用变频器的模拟量给定实现两地控制的电路图，RP$_A$ 和 RP$_B$ 分别在 A、B 两地控制变频器的升速和降速。请参考项目 2.1、项目 2.2 的知识链接和项目实施，完成以下任务。

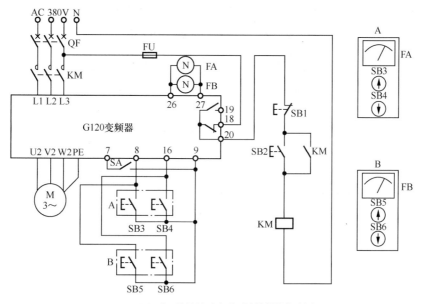

（a）升、降速端子实现两地控制的电路图

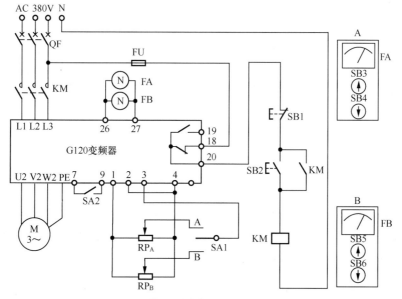

（b）模拟量给定实现两地控制的电路图

图 2-22　两地控制电路图

1. 分析图 2-22（a）和图 2-22（b）两地控制电路的工作原理。

2. 根据控制要求，将图 2-22（a）所示的两地控制的参数设定值填入表 2-28。

表 2-28　两地控制的参数设置表

参数号	设定值	参数号	设定值
p0015		p1047	
p0771[1]		p1048	
p0840[0]		p1070[0]	
p1035[0]		p1037[0]	
p1036[0]		p1038[0]	
p1040		p2000[0]	

3. 比较图 2-22（a）和图 2-22（b），哪种两地控制的电路更实用？为什么？

课堂笔记

　　南宋诗人陆游在《冬夜读书示子聿》中写道："纸上得来终觉浅，绝知此事要躬行。"强调的便是实践的重要性。请同学们在变频器上对图 2-22（a）和图 2-22（b）所示的两地控制电路进行运行调试，认真记录两地控制调试过程中出现的现象，完成以下问题并记录在课堂笔记上。

　　1. 用思维导图总结本项目的知识点和技能点。

　　2. 在对图 2-22（a）和图 2-22（b）所示的两地控制电路进行调试时，当在 A 地将变频器的速度调节到某个速度，例如 500r/min 时，在 B 地继续对变频器进行升速或降速调节，此时两种控制电路是在 500r/min 的基础上升速或降速的吗？为什么？

项目评价

由小组中的项目负责人总结本小组的知识掌握情况和项目完成情况，并在课堂上进行汇报。总结主要包括 3 个方面：用思维导图总结本项目的知识点和技能点；项目实施和项目延伸的成果展示；项目实施过程中遇到的问题及经验分享。

按照表 2-29，对本项目进行评价。评价成绩统一采用 A（优秀）、B（良好）、C（合格）、D（努力）4 档。该评价成绩作为本课程的过程考核成绩计入最终考核成绩。

表 2-29　电动电位器给定运行功能调试项目评价表

评价分类	评价内容	评价标准	自我评价	教师评价	总评
专业知识	引导问题	① 正确完成 100% 的引导问题，得 A； ② 正确完成 80% 及以上、100% 以下的，得 B； ③ 正确完成 60% 及以上、80% 以下的，得 C； ④ 其他得 D			
	课堂笔记	① 完成项目 2.2 的知识点和技能点的总结； ② 正确记录两地控制电路在调试过程中出现的现象并写出原因			
专业技能	任务	① 能正确绘制恒压供水控制系统的接线图并设置参数； ② 能使用外部开关和按钮模拟调试变频器的升、降速端子功能			
	项目延伸	① 会分析两地控制电路的工作原理； ② 能正确设置两地控制的变频器参数； ③ 会比较两种两地控制电路的优缺点			
职业素养	6S 管理	① 工位整洁、工器具摆放到位； ② 导线无浪费，废品清理分类符合要求； ③ 按照安全生产规程操作设备			
	展示汇报	① 能准确并流畅地描述出本项目的知识点和技能点； ② 能正确展示并介绍项目延伸实施成果； ③ 能大方得体地分享所遇到的问题及解决方法			
	沟通协作	① 善于沟通，积极参与； ② 分工明确，配合默契			
自我总结	优缺点分析				
	改进措施				

电子活页拓展知识　多台变频器的同步运行

在纺织、印染以及造纸机械中，根据生产工艺的需要，生产线往往划分成许多个加工单元，如图 2-23 所示，每个单元都有各自独立的拖动系统，如果后面单元的线速度低于前面，将导致被加工物的堆积；反之，如果后面单元的线速度高于前面，将导致被加工物的撕裂。因此，要求各单元的运行速度能够一致，即实现同步运行。

多台变频器的同步运行（文档）

同步控制必须解决好以下问题。

（1）统调：各单元要能够同时升速和降速。

（2）微调：当某单元的速度与其他单元不一致时，应能够通过手动或自动的方式进行微调。微调时，该单元以后的各单元的转速必须同时升速或降速，而不必逐个地进行升速或降速。

（3）单独调试：在各单元进行调试过程中，应能单独运行。

多台变频器的同步运行有两种实现方法，一种是模拟电压给定实现的同步运行，另一种是电动电位器给定实现的同步运行。如图 2-23 所示，如果采用变频器控制每个单元的拖动电机，那么，3 台变频器是如何做到同步的呢？请扫码学习"多台变频器的同步运行"。

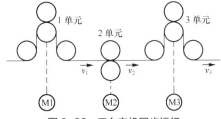

图 2-23　三台电机同步运行

自我测评

一、填空题

（1）如果将 8 端子设置为升速功能，需要令 p1035=_____；如果将 16 端子设置为降速功能，需要令 p1036=_____。

（2）电动电位器给定的调速范围假设为 −700～1 000r/min，需要令 p1037=_____r/min，p1038=_____r/min。

二、设计题

液位控制系统的结构如图 2-24 所示。水泵将水注入水箱 2，调节节水阀门，以模拟用水系统用水量的大小。在水箱 2 中安装有液位检测传感器，它有上限、下限液位两个继电器输出触点。当水箱中的水位达到上限液位时，其上限触点闭合，接通变频器的 6 端子，控制水泵降速；当水箱中的水位达到下限液位时，其下限触点闭合，接通变频器的 5 端子，控制水泵升速。通过液位传感器的上、下限触点，控制变频器在 300～1 000r/min 之间调速，从而将水箱 2 的水位限制在上、下限液位之间。电动电位器调速的初始值是 300r/min，电动

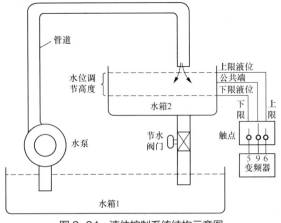

图 2-24　液位控制系统结构示意图

电位器斜坡上升时间和下降时间均为 15s。试画出变频器的接线图并设置正确的参数。

项目2.3
固定转速给定功能调试

02

引导问题

1. 固定转速给定时，需要令主设定值 p1070=_____。

2. G120 变频器提供两种选择固定设定值的方法：一种是_____选择，另一种是_____选择。

3. 如果需要将变频器的数字量输入端子功能预置为固定转速选择功能，则应将固定设定值选择位参数_____与数字量输入端子的状态参数_____互联。

知识链接　固定转速给定功能

固定转速给定功能也称为多段速功能，就是在设置参数 p1000=3 的条件下，用数字量端子选择固定设定值的组合，实现电机多段速度运行。与固定转速相关的宏命令有：宏命令 1、宏命令 2 和宏命令 3。

固定转速给定
功能（视频）

1. 固定转速给定

通过固定转速给定功能调节变频器的速度时，只需要将主设定值与固定转速互联，即令 p1070=r1024；如果设置 p1075 = r1024，则附加设定值与固定转速互联，如图 2-25 所示。

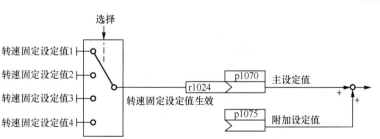

图 2-25　固定转速作为设定值源

G120 变频器提供了两种选择固定设定值的方法：一种是直接选择，另一种是二进制选择。

2. 直接选择

直接选择就是将固定设定值选择位参数 p1020～p1023 与数字量输入端子的状态参数 r0722.0～r0722.5 互联，则数字量输入端子就具有了选择转速固定设定值的功能。在这种操作方式下，一个数字量输入端子选择一个固定设定值，如图 2-26 所示，当与固定设定值选择位 0 的参数 p1020 互联的数字量输入端子闭合时，变频器选择 p1001 中设置的固定转速运行。直接选择方式端子与参数设置对应表如表 2-30 所示。多个数字量输入同时激活时，选定的设定值是对应固定设定值的叠加。通过设置 1～4 个数字量输入信号，可得到最多 15 个不同的设定值，采用直接选择模式需要设置 p1016=1。

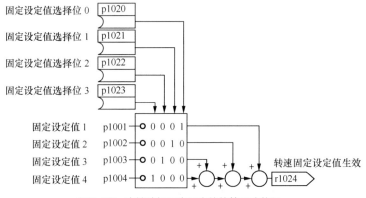

图 2-26　直接选择固定设定值的简易功能图

表 2-30　直接选择方式端子与参数设置对应表

参数	参数名称	对应速度固定设定值参数	说明
p1020	固定设定值选择位 0	p1001	转速固定设定值 1
p1021	固定设定值选择位 1	p1002	转速固定设定值 2
p1022	固定设定值选择位 2	p1003	转速固定设定值 3
p1023	固定设定值选择位 3	p1004	转速固定设定值 4

3. 二进制选择

4 个数字量输入通过二进制编码方式选择转速固定设定值，这 4 个选择位的不同组合（p1020、p1021、p1022、p1023），最多可以选择 15 个固定转速，由 p1001～p1015 指定多段速中的某个转速固定设定值，如图 2-27 所示。数字量输入不同的状态对应的 15 段固定转速控制状态如表 2-31 所示。采用二进制选择模式需要设置 p1016=2。

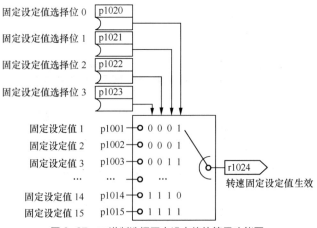

图 2-27　二进制选择固定设定值的简易功能图

表 2-31 15 段固定转速控制状态表

序号	p1023 选择的 DI 状态	p1022 选择的 DI 状态	p1021 选择的 DI 状态	p1020 选择的 DI 状态	对应转速参数	参数功能
1	0	0	0	1	p1001	设置固定转速 1
2	0	0	1	0	p1002	设置固定转速 2
3	0	0	1	1	p1003	设置固定转速 3
4	0	1	0	0	p1004	设置固定转速 4
5	0	1	0	1	p1005	设置固定转速 5
6	0	1	1	0	p1006	设置固定转速 6
7	0	1	1	1	p1007	设置固定转速 7
8	1	0	0	0	p1008	设置固定转速 8
9	1	0	0	1	p1009	设置固定转速 9
10	1	0	1	0	p1010	设置固定转速 10
11	1	0	1	1	p1011	设置固定转速 11
12	1	1	0	0	p1012	设置固定转速 12
13	1	1	0	1	p1013	设置固定转速 13
14	1	1	1	0	p1014	设置固定转速 14
15	1	1	1	1	p1015	设置固定转速 15

📖 **小提示**

变频器的运行方向可以由参数 p1001～p1015 设置的速度正负来决定。

项目实施

任务 二进制选择的多段速功能调试

一、任务导入

在工业生产中，由于工艺的要求，很多生产机械在不同的阶段需要电机在不同的转速下运行。例如：车床主轴变频，龙门刨床主运动，高炉加料料斗的提升等。

某变频器控制系统，要求用 3 个端子实现 7 段速控制，运行速度分别为 200r/min、500r/min、600r/min、800r/min、900r/min、1 200r/min、1 500r/min。变频器的最大速度和最小速度分别为 1 500r/min、0r/min，斜坡上升时间和斜坡下降时间为 5s，请选择变频器使用的宏命令，画出接线图并进行参数设置。

二进制选择的变频器多段速运行（视频）

二、任务实施

【设备和工具】

控制单元 CU240E-2 PN-F 1 个、功率模块 PM240-2（400V，0.55kW）1 个、BOP-2 操作面板 1 个、三相异步电机 1 台、安装有 TIA Portal V15 和 Startdrive V15 软件的计算机 1 台、网线 1 根、开关/按钮若干、《SINAMICS G120 低压变频器操作说明》、通用电工工具 1 套。

1. 硬件电路图

根据任务要求，变频器需要 7 段速运行，因此，用 6、7、8 三个端子就可以实现 7 段组合运行，5 端子控制启动，变频器的接线图如图 2-28 所示。

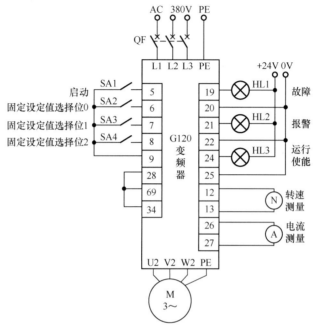

图 2-28　7 段速控制的变频器接线图

2. 参数设置

7 段速控制参数的设置如表 2-32 所示。

表 2-32　7 段速控制参数设置

参数号	参数名称	出厂值	设定值	说明
p0015	宏命令	7	3	驱动设备宏命令，这里选择宏 3
p0840	ON/OFF(OFF1)	r2090.0	r0722.0	将 5 端子（DI0）预置为启动命令
p1020	固定设定值选择位 0	0	r0722.1	将 6 端子（DI1）预置为转速固定设定值 1 的选择信号
p1021	固定设定值选择位 1	0	r0722.2	将 7 端子（DI2）预置为转速固定设定值 2 的选择信号
p1022	固定设定值选择位 2	0	r0722.3	将 8 端子（DI3）预置为转速固定设定值 3 的选择信号
p1070	主设定值	r2050.1	r1024	固定转速给定作为主设定值
p1001~p1007	转速固定设定值 1~7	0.000		设置 p1001 ~ p1007 分别等于 200r/min、500r/min、600r/min、800r/min、900r/min、1 200r/min、1 500r/min
p1016	转速固定设定值选择模式	1	2	选择二进制选择模式
p1000	转速设定值选择	2	3	选择转速固定设定值

3. 运行操作

SA1 一直闭合，按照表 2-33 对变频器 6、7、8 端子上的开关 SA2~SA4 进行操作，将对应的转速填写到表 2-33 中。

表 2-33 7 段速固定转速控制状态表

序号	8 端子（SA4）	7 端子（SA3）	6 端子（SA2）	对应转速所设置的参数	固定转速/（r/min）
1	0	0	1	p1001	
2	0	1	0	p1002	
3	0	1	1	p1003	
4	1	0	0	p1004	
5	1	0	1	p1005	
6	1	1	0	p1006	
7	1	1	1	p1007	

项目延伸 直接选择的多段速功能调试

某一变频器采用直接选择方式实现 3 段速控制，由 5 端子控制启停，由 6、7、8 端子实现 3 段速控制，运行速度分别为 100r/min、200r/min、−350r/min，最大速度和最小速度分别为 600r/min、0 r/min，斜坡上升时间和斜坡下降时间为 5s。请参考知识链接，完成以下任务。

1. 参考图 2-28，画出变频器的接线图。

直接选择的多段速运行（视频）

2. 根据控制要求，将变频器的参数设定值填入表 2-34 中。

表 2-34 直接选择的多段速参数设置

参数号	设定值	参数号	设定值
p0015		p1001	
p0840		p1002	
p1020		p1003	
p1021		p1016	
p1022		p1000	
p1070			

直接选择的多段速功能调试（文档）

3. 运行调试。

课堂笔记

《礼记·经解》中有一句话：“《易》曰：‘君子慎始，差若毫厘，谬以千里。’”意思是细微的差异可能会导致巨大的不同或错误。本项目中，参数 p1016 的设置非常重要，它决定了转速固定设定值的选择模式是直接选择还是二进制选择，这两种选择模式实现的多段速有很大差别。请同学们完成以下问题并记录在课堂笔记上。

> 1. 用思维导图总结本项目的知识点和技能点。
>
>
>
> 2. 写出直接选择和二进制选择两种转速固定值选择模式的区别。

项目评价

由小组中的项目负责人总结本小组的知识掌握情况和项目完成情况，并在课堂上进行汇报。总结主要包括 3 个方面：用思维导图绘制本项目的知识点和技能点；项目实施和项目延伸的成果展示；项目实施过程中遇到的问题及经验分享。

按照表 2-35，对本项目进行评价。评价成绩统一采用 A（优秀）、B（良好）、C（合格）、D（努力）4 档。该评价成绩作为本课程的过程考核成绩计入最终考核成绩。

表 2-35　固定转速给定运行功能调试项目评价表

评价分类	评价内容	评价标准	自我评价	教师评价	总评
专业知识	引导问题	① 正确完成 100%的引导问题，得 A； ② 正确完成 80%及以上、100%以下的，得 B； ③ 正确完成 60%及以上、80%以下的，得 C； ④ 其他得 D			
	课堂笔记	① 完成项目 2.3 的知识点和技能点的总结； ② 比较直接选择和二进制选择两种转速固定值选择模式的区别			
专业技能	任务	① 能正确连接 7 段速控制电路图并设置参数； ② 能按照表 2-33 完成 7 段速的运行调试			
	项目延伸	① 会画出直接选择的多段速的电路图并设置参数； ② 能正确调试直接选择的多段速控制系统			

续表

评价分类	评价内容	评价标准	自我评价	教师评价	总评
职业素养	6S 管理	① 工位整洁、工器具摆放到位； ② 导线无浪费，废品清理分类符合要求； ③ 按照安全生产规程操作设备			
	展示汇报	① 能准确并流畅地描述出本项目的知识点和技能点； ② 能正确展示并介绍项目延伸实施成果； ③ 能大方得体地分享所遇到的问题及解决方法			
	沟通协作	① 善于沟通，积极参与； ② 分工明确，配合默契			
自我总结	优缺点分析				
	改进措施				

电子活页拓展知识　宏命令 1、宏命令 2 和宏命令 3

　　与多段速相关的宏命令有宏命令 1、宏命令 2 和宏命令 3。宏命令 1 是双方向两线制控制两个固定转速，它通过两个控制命令控制变频器的正反转，需要两个选择固定转速的数字量输入端子；宏命令 2 是单方向两个固定转速并预留安全功能，它只能控制变频器一个旋转方向，需要两个选择固定转速的数字量输入端子和两个用于实现安全功能的端子；宏命令 3 是单方向 4 个固定转速，它只能控制变频器一个旋转方向，需要 4 个选择固定转速的数字量输入端子。这 3 个宏命令默认的接线图、自动设置的参数各有不同。只有掌握了这 3 个宏命令自身的特点，才能根据控制要求，正确选择宏命令并进行参数设置，从而实现控制要求。请扫码学习"宏命令 1、宏命令 2 和宏命令 3"。

宏命令 1、
宏命令 2 和宏命
令 3（文档）

自我测评

1. 填空题

　　（1）固定转速给定功能也称为_____功能，需要令 p1000=_____。与固定转速相关的宏有宏命令_____、宏命令_____和宏命令_____。

　　（2）采用直接选择模式需要设置 p1016=_____。

　　（3）直接选择模式中，如果令 p1022=r0722.3，则 8 端子闭合时，变频器选择_____中设置的固定转速运行。

　　（4）直接选择模式中，如果变频器选择 p1004 中设置的固定转速运行，则需要将数字量输入端子与_____互联。

（5）采用二进制选择模式需要设置 p1016=_____。

（6）二进制选择模式中，7 段速运行需要_____个数字量输入端子；15 段速运行需要个数字量输入端子。

（7）变频器的运行方向可以由参数 p1001～p1015 设置的速度_____来决定。

2. 设计题

（1）某一变频器由外端子控制启停，由变频器外端子（2 个）实现 2 段速控制，运行速度分别为 300r/min、−200r/min，最大转速和最小转速分别为 1 000r/min、0r/min，斜坡上升时间和斜坡下降时间为 5s。试判断使用哪个宏命令，画出变频器的接线图并设置参数。

（2）用 4 个开关控制变频器实现电机 12 段速运行。12 段速设置分别为：500r/min、1 000r/min、1 500r/min、−1 500r/min、−500r/min、−2 000r/min、2 500r/min、400r/min、450r/min、300r/min、−300r/min、600r/min。试判断使用哪个宏命令，画出变频器的接线图并设置参数。

项目2.4
变频器PID功能的预置与调试

引导问题

1. 在 PID 工艺控制器中，P 是_____调节，I 是_____调节，D 是_____调节。

2. 如果要激活 PID 工艺控制器，需要令 p2200=_____。

3. PID 工艺控制器设定值通道的参数是_____，实际值反馈通道的参数是_____，它们主要通过_____、_____、_____和_____ 4 种方式提供。

知识链接　PID 工艺控制器

1. PID 控制原理

（1）PID 控制系统构成

在自动控制系统中，常采用 P（比例）、I（积分）、D（微分）控制方式，称之为 PID 控制。如图 2-29 所示，负反馈闭环控制系统由控制器（图 2-29 点画线框中的部分）、执行器（电机）和检测元件组成。控制系统随时将被控量的实际值检测信号（即反馈值 X_F）通过检测元件反馈到输入端，与被控量的设定值 X_T（即目标信号）进行比较，如果有偏差 ΔX 存在，则 PID 调节器会及时调整，使控制系统的被控量在任何干扰情况下都能够迅速而准确地达到预定的控制目标，最终使控制系统稳定运行。PID 控制器就是根据系统的偏差，利用比例（P）、积分（I）、微分（D）的调节功能致力于减小直至消除偏差的控制，适用于流量、压力、温度等过程控制。

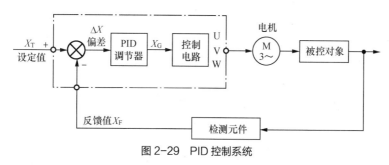

图 2-29　PID 控制系统

（2）PID 的控制作用

① 比例控制（P）。比例控制是一种简单的控制方式，如放大器、减速器和弹簧等。比例控

制是按比例反映系统的偏差，系统一旦出现了偏差，比例控制立即产生调节作用以减少偏差。当仅有比例控制时，系统输出存在稳态误差 ε（又叫静差）。

比例增益 K_p 的大小，决定了实际值接近目标值的快慢和偏差的大小，K_p 越大，比例作用越强，稳态误差越小，系统响应越快；反之，稳态误差越大。K_p 过大会使系统产生较大的超调和振荡，导致系统的稳定性能变差。

② 积分控制（I）。积分控制主要用于消除稳态误差，提高系统的无差度。积分控制作用的存在与偏差的存在时间有关，只要系统存在着偏差，积分环节就会不断起作用，对输入偏差进行积分，使控制器的输出不断变化，产生控制作用以减小偏差。在积分时间足够的情况下，可以完全消除稳态误差，这时积分控制的作用将维持不变。

积分作用的强弱取决于积分时间常数 T_i，T_i 增大时，系统稳定性增加，但是调节速度变慢；T_i 减小时，系统稳定性降低，甚至振荡发散。积分作用常与另两种调节规律结合，组成 PI 调节器或 PID 调节器。

③ 微分控制（D）。微分控制反映系统偏差信号的变化率，具有预见性，能预见偏差变化的趋势，因此能产生超前的控制作用，在偏差形成之前，已被微分调节作用消除，因此，可以改善系统的动态性能。在微分时间选择合适的情况下，可以减少超调，减少调节时间。微分作用对噪声干扰有放大作用，因此过强的微分调节，对系统抗干扰性不利。此外，微分控制反映的是变化率，而当输入没有变化时，微分控制输出为零。微分时间常数 T_d 越大，微分作用越强，响应速度越快，系统越稳定。微分控制不能单独使用，需要与另外两种调节规律相结合，组成 PD 调节器或 PID 控制器。

> **学海领航：** PID 控制的比例、积分和微分功能必须相互作用，才能获得比较满意的控制性能。请扫码学习"PID 调节与团结协作"。
>
>

2. PID 工艺控制器描述

G120 变频器内部有 PID 工艺控制器。利用 PID 工艺控制器可以很方便地构成 PID 闭环控制系统，如图 2-30 所示。通过传感器检测被控对象的实际值 p2264（也叫反馈值），将其与设定值 p2253（也叫目标值）进行比较。如果有偏差，则通过 PID（p2274 微分时间常数、p2280 比例增益、p2285 积分时间常数）功能的控制作用，使偏差为 0，即使实际值与设定值达到一致。

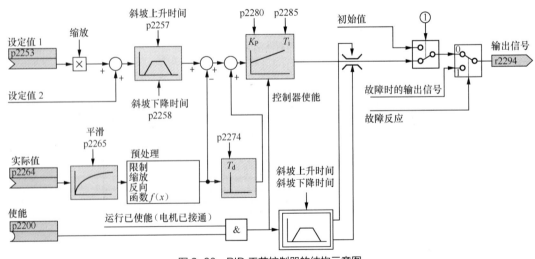

图 2-30　PID 工艺控制器的结构示意图

3. PID 工艺控制器的设置要点

（1）使能 PID 控制功能

设置 p2200=1 时，激活 PID 工艺控制器。这时如果将数字量输入端子，比如 5 端子（p0840=r0722.0）闭合，当前变频器为 PID 控制运行。此时，p1120 和 p1121 中设定的常规斜坡时间及常规的主设定值即自动被禁止。

（2）设定值（目标值）和实际值（反馈值）的设置

图 2-30 中，p2253 为设定值通道，通过参数 p2255 和 p2256 可以缩放设定值；参数 p2257 和 p2258 可以规定设定值的加速和减速时间。p2264 为实际值反馈通道，当模拟量波动较大时，可适当加大滤波时间 p2265，确保系统稳定。在实际应用中，设定值和实际值主要通过以下几种方式提供。

① 模拟量输入端 r0755.0 和 r0755.1。通过模拟量通道 0 和模拟量通道 1 设定 PID 的设定值或实际值，需要令 p2253=r0755.0 或 r0755.1，p2264=r0755.0 或 r0755.1。

② 电动电位器 r2250。通过 p2235 和 p2236 使工艺控制 MOP 设定值或实际值升高或降低，需要令 p2253=r2250，p2264=r2250。

③ 自有的固定值 r2224。PID 工艺控制器的固定值 p2201～p2215 与 PID 工艺控制器的设定值或实际值互联，需要令 p2253=r2224，p2264=r2224。PID 工艺控制器固定值选择位 p2220～p2223=1 时，选择 p2201～p2215 的值作为固定设定值或实际值。固定值有两种方法，p2216=1 时，为直接选择模式；p2216=2 时，为二进制选择模式。

④ 现场总线 r2050 和 r2051。变频器的设定值和实际值都可以通过现场总线接收和发送。p2253=r2050 时，PID 工艺控制器的设定值为用于连接现场总线控制器接收到的字格式 PZD（设定值）；p2264=r2051 时，PID 工艺控制器的实际值为选择将要发送给现场总线控制器的字格式 PZD（实际值）。

通过令 p2271=1 可以将 PID 工艺控制器实际值取反，取反取决于实际值信号的传感器类型。如果实际值随着电机转速升高而增加，则必须设置 p2271=0（出厂设置）；如果实际值随着电机转速升高而降低，则必须设置 p2271=1。

通过令 p2306=1，PID 工艺控制器偏差取反，可以实现 PID 的反作用（即反馈低于设定值时，变频器减速）。在突变的信号场合，可以使用设定值通道的 p2257 和 p2258 斜坡功能，使调节变化缓慢。

（3）限幅斜坡功能

PID 调节后输出可以通过参数 p2291 和 p2292 限制，p2293 为 PID 工艺控制器输出信号限幅的斜坡升降时间。注意：该限幅斜坡函数发生器只在激活 PID 工艺控制器时对上升时间起作用一次，取消 PID 工艺控制器时对下降时间起作用一次。

（4）PID 工艺控制器连接模式

PID 工艺控制器的输出与速度通道的连接模式可以通过 p2251 参数设置。p2251=0 时，PID 工艺控制器输出作为转速主设定值（总设定值 p1109=r2294），p1070 不生效，速度主设置值来源于工艺控制器，同时速度给定值通道的斜坡函数发生器 p1120 和 p1121 也不生效；p2251=1 时，工艺设定值输出作为转速附加值（转速控制器转速设定值 p1155=r2294），同时 p1070 的给定通道仍然起作用。

4. PID 工艺控制器的主要参数

PID 工艺控制器的主要参数包括设定值通道、实际值通道、比例、积分和微分的参数，具体如表 2-36 所示。

表 2-36　PID 工艺控制器的主要参数

参数号	参数名称	说明
p2200	PID 工艺控制器使能	p2200=1 时，使能 PID 工艺控制器；p2200=0，出厂设置，禁用
p1070	主设定值	p1070=r2294，转速主设定值与 PID 工艺控制器的输出 r2294 互联
p2251	PID 工艺控制器模式	设置 PID 工艺控制器输出的应用模式，p2200>0，p2251=0 或 1 才生效。 P2251=0：PID 工艺控制器输出作为转速主设定值； P2251=1：PID 工艺控制器输出作为转速附加设定值
p2253	PID 工艺控制器设定值通道	确定 PID 工艺控制器的设定值 示例：p2253 = r2224 时，变频器将固定设定值 p2201 与 PID 工艺控制器的设定值互联；p2220 = 1 时，固定设定值 p2201 被选中。 出厂设置：0
p2264	PID 工艺控制器实际值通道	确定 PID 工艺控制器的实际值，通常为传感器返回的标准信号，例如 4～20mA。出厂设置：0
p2257	PID 工艺控制器上升时间	确定设定值通道的斜坡上升时间和斜坡下降时间。
p2258	PID 工艺控制器下降时间	出厂设置：1.0s
p2274	PID 工艺控制器的微分时间常数	设定 PID 工艺控制器的微分时间常数 T_d，出厂设置：0.0s，微分功能关闭。微分可改善反应比较迟缓的控制数据的控制性能，如温度控制
p2280	PID 工艺控制器的比例增益	设定 PID 工艺控制器的比例增益 K_p，出厂设置：1.0
p2285	PID 工艺控制器的积分时间	设定 PID 工艺控制器的积分时间常数 T_i，出厂设置：30s。p2285=0 时，积分时间关闭，PID 工艺控制器无法实现设定值与实际值之间的无差控制

项目实施

任务　恒压供水的 PID 闭环控制

一、任务导入

图 2-31 是由变频器构成的恒压供水控制系统，为了保证出水口压力恒定，采用压力传感器安装在水泵附近的出水管，压力传感器的量程为 0～1MPa，测得的压力转化为 4～20mA 的电流信号作为反馈信号的实际值。利用变频器内置的 PID 工艺控制器，将来自压力传感器的实际值与压力设定值（0.6MPa）比较运算，其结果作为速度指令输送给变频器，调节水泵的转速使供水管道压力保持恒定。请设计恒压供水系统的电路图并设置参数。

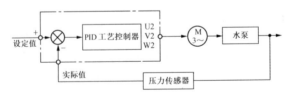

图 2-31　变频器的恒压供水系统示意图

二、任务实施

【设备和工具】

控制单元 CU240E-2 PN-F 1 个、功率模块 PM240-2（400V，0.55kW）1 个、BOP-2 操作面板 1 个、

三相异步电机 1 台、安装有 TIA Portal V15 和 Startdrive V15 软件的计算机 1 台、网线 1 根、0～10V 电压源和 4～20mA 电流源（模拟压力传感器）各 1 个、开关/按钮若干、《SINAMICS G120 低压变频器操作说明》、通用电工工具 1 套。

1. 硬件电路

图 2-32 为变频器恒压供水系统电路图，模拟量 3、4 端子（AI0）接入 PID 工艺控制器的设定值 0～10V 的电压信号，其对应 0～1MPa 的压力给定信号，同时将 AI0 通道上的拨码开关 DIP 置于"U"位置。模拟量 10、11 端子（AI1）接入实际值反馈信号 4～20mA 的电流信号，其对应的压力为 0～1MPa，同时将 AI1 通道上的 DIP 拨码开关置于"I"位置；5 端子控制变频器启停，6 端子控制变频器故障复位。

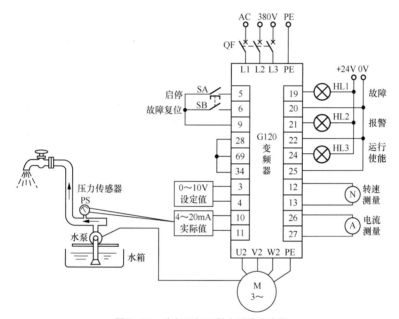

图 2-32　变频器恒压供水系统电路图

2. 参数设置

（1）参数复位。恢复变频器工厂默认值。设定 p0010=30 和 p0970=1，保证变频器的参数恢复到工厂设置。

（2）设置电机参数。根据实际电机的铭牌，参考表 1-15 设置电机参数。

（3）设置 PID 工艺控制器参数，如表 2-37 所示。通过 Startdrive 软件进行 PID 工艺控制器参数设置并监控 PID 运行时的状态，如图 2-33 所示。

表 2-37　恒压供水系统的参数设置

参数号	参数名称	出厂值	设定值	说明
控制参数				
p0015	宏文件驱动设备	7	12	选择宏命令 12
p0756[0]	模拟输入类型	4	0	0～10V 电压设定信号接入 AI0，DIP 开关置于"U"位置
p0756[1]	模拟输入类型	4	3	4～20mA 电流反馈信号接入 AI1，DIP 开关置于"I"位置

续表

参数号	参数名称	出厂值	设定值	说明
p0840	ON/OFF1	r2090.1	r0722.0	5 端子作为启停信号
p2103	应答故障	r2090.7	r0722.1	6 端子作为故障复位信号
p1070	主设定值	r2050.1	r2294	转速主设定值与 PID 工艺控制器的输出 r2294 互联
p2200	工艺控制器使能	0	1	使能 PID 工艺控制器
p2251	工艺控制器模式	0	0	PID 工艺控制器作为转速主设定值
设定值参数				
p2253	工艺控制器设定值通道	0	r0755.0	AI0 作为 PID 设定值
p2255	工艺控制器设定值1比例系数	100.00	100.00	设定值缩放比例系数为 100%
p2257	工艺控制器上升时间	1.0	1.0	PID 设定值的斜坡上升时间为 0.1s
p2258	工艺控制器下降时间	1.0	1.0	PID 设定值的斜坡下降时间为 0.1s
实际值参数				
p2264	工艺控制器实际值通道	0	r0755.1	AI1 作为 PID 实际值
p2265	工艺控制器实际值滤波器时间常数	0.000	0.1	PID 工艺控制器实际值滤波器的时间常数为 0.1s
p2267	工艺控制器实际值上限	100.00	100.00	PID 工艺控制器实际值上限为 100%，如果实际值超出该上限，则导致故障码 F07426 出现
p2268	工艺控制器实际值下限	−100.00	0.00	PID 工艺控制器实际值下限为 0，如果实际值超出该下限，则导致故障码 F07426 出现
p2271	工艺控制器实际值取反	0	0	PID 工艺控制器的实际值信号不取反
PID 参数				
p2274	工艺控制器的微分时间常数	0.000	0.000	微分不起作用
p2280	工艺控制器的比例增益	1.000	0.5（推荐）	设定 PID 工艺控制器的比例增益 K_p
p2285	工艺控制器的积分时间常数	30.000	15（推荐）	设定 PID 工艺控制器的积分时间常数 T_i

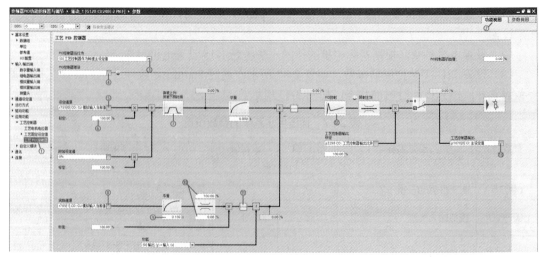

图 2-33　PID 工艺控制器参数设置窗口

在 PID 工艺控制器参数设置窗口，单击标记①"应用功能"下的"工艺 PID 控制器"选项；单击标记②处的"功能视图"选项卡；分别在标记③、④、⑤、⑥处设置 p2251=0、p2200=1、p2253=r0755.0、p2255=100.00；单击标记⑦处斜坡上升和斜坡下降时间设置图标，在弹出的设置窗口中设置 p2257= p2258=0.1s；分别在标记⑧、⑨、⑩、⑪处设置 p2264=r0755.1，p2265=0.1s、p2267=100、p2268=0，p2271=0；单击标记⑫处的"PID 控制"图标，在弹出的窗口设置 p2280=0.5、p2285=15s；单击标记⑬处，设置 p1070=r2294。

3. 运行操作

（1）闭合开关 SA 时，5 端子为 ON，变频器启动电机，当实际值反馈的电流信号发生改变时，将会引起电机转速的变化。

当用水量增加、水压下降时，实际值反馈的电流信号就会小于目标值 0.6MPa，PID 调节器使变频器输出转速增加，电机拖动水泵加速，水压增大；反之，当用水量减少，水压上升，反馈的电流信号就会大于目标值 0.6MPa，PID 调节器使变频器输出转速减小，电机拖动水泵减速，水压减小。如此反复，能使变频器达到一种动态平衡状态，从而保证供水管道的压力恒定。

总之，在系统反应太慢时，应调大比例增益 p2280，或减小积分时间常数 p2285；在发生振荡时，应调小比例增益 p2280，或加大积分时间常数 p2285。

（2）断开关 SA，5 端子为 OFF，电机停止运行。

项目延伸　恒压供水的工频/变频切换控制

单泵恒压供水的工频/变频切换控制电路如图 2-34 所示。为了简化图形，图 2-34 只绘制了变频器的主电路和 5 端子的接线，其余端子的接线与图 2-32 相同。选择开关 SA 有工频和变频两个挡位，当 SA 置于工频挡位时，选择工频工作方式；当 SA 置于变频挡位时，选择变频工作方式。接触器 KM1 和 KM3 用于变频控制，KM2 用于工频控制，18、19、20 端子是变频器的故障端子。在变频运行时，一旦变频器因故障而跳闸时，可自动切换为工频运行方式，同时接通蜂鸣器 HA 和报警灯 HL 进行声光报警。请完成以下任务。

恒压供水的工频/
变频切换控制
（文档）

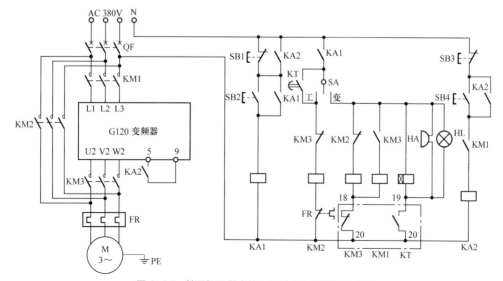

图 2-34　单泵恒压供水的工频/变频切换控制电路图

1．分析图 2-34 的工作原理。

（1）工频运行分析。

（2）变频运行分析。

（3）变频切换工频运行分析。

2．在变频与工频切换过程中，KM2 与 KM3 同时接通会产生什么后果？怎样避免 KM2 与 KM3 同时接通？

课堂笔记

《增广贤文》（合作篇）中说："人心齐，泰山移。独脚难行，孤掌难鸣。"可见协作的重要性。请结合 PID 控制中比例、积分和微分的协同作用，完成以下问题并记录在课堂笔记上。

1．用思维导图总结本项目的知识点和技能点。

2．PID 控制系统实现的恒压供水控制与项目 2.2 中电动电位器给定实现的恒压供水控制哪一个更好？为什么？

项目评价

由小组中的项目负责人总结本小组的知识掌握情况和项目完成情况，并在课堂上进行汇报。总结主要包括 3 个方面：用思维导图总结本项目的知识点和技能点；项目实施和项目延伸的成果展示；项目实施过程中遇到的问题及经验分享。

按照表 2-38，对本项目进行评价。评价成绩统一采用 A（优秀）、B（良好）、C（合格）、D（努力）4 档。该评价成绩作为本课程的过程考核成绩计入最终考核成绩。

表 2-38 变频器 PID 功能的预置与调试项目评价表

评价分类	评价内容	评价标准	自我评价	教师评价	总评
专业知识	引导问题	① 正确完成 100% 的引导问题，得 A； ② 正确完成 80% 及以上、100% 以下的，得 B； ③ 正确完成 60% 及以上、80% 以下的，得 C； ④ 其他得 D			
	课堂笔记	① 完成项目 2.4 的知识点和技能点的总结； ② 写出项目 2.4 的恒压供水和项目 2.2 恒压供水的优缺点			
专业技能	任务	① 能正确连接恒压供水 PID 闭环控制电路并设置参数； ② 会进行 PID 调试			
	项目延伸	① 会分析单泵恒压供水的工频/变频切换电路； ② 能正确分析工频和变频切换的互锁关系			
职业素养	6S 管理	① 工位整洁、工器具摆放到位； ② 导线无浪费，废品清理分类符合要求； ③ 按照安全生产规程操作设备			
	展示汇报	① 能准确并流畅地描述出本项目的知识点和技能点； ② 能正确展示并介绍项目延伸实施成果； ③ 能大方得体地分享所遇到的问题及解决方法			
	沟通协作	① 善于沟通，积极参与； ② 分工明确，配合默契			
自我总结	优缺点分析				
	改进措施				

电子活页拓展知识　PID 参数的整定方法

PID 控制是连续控制系统中技术较成熟、应用较广泛的控制方式，具有理论成熟、算法简单、控制效果好、易于为人们熟悉和掌握等优点，所以它在炼油、化工、造纸等工业过程控制中有着广泛的应用。PID 工艺控制器中，比例、

PID 参数的整定
方法（文档）

积分、微分这3个参数是互相影响的，需对比例、积分、微分3个参数进行设置，一般通过工程人员的经验技巧进行凑试，此过程称为PID整定。请扫码学习"PID参数的整定方法"。

自我测评

1. 填空题

（1）在PID控制中，如果设定值和实际值都采用模拟量输入通道给定，则需要令p2253=_____或_____，_____=r0755.0或r0755.1。

（2）在PID控制中，如果设定值和实际值都采用电动电位器给定，则需要令p2253=_____，p2264=_____。

（3）在变频器恒压供水系统中，压力传感器的作用是_____。

（4）如果实际值随着电机转速升高而增加，则必须设置p2271=_____；如果实际值随着电机转速升高而降低，则必须设置p2271=_____。

（5）在PID调节中，比例增益K_p越大，比例作用越强，稳态误差_____，系统响应_____；反之，稳态误差_____。K_p过大会使系统产生较大的_____和_____，导致系统的稳定性能变差。

（6）积分控制主要用于消除_____，微分作用反映系统偏差信号的_____，具有预见性，能预见偏差变化的趋势，因此能产生_____的控制作用。

2. 分析题

（1）PID工艺控制器模式选择参数p2251设置为0和1的主要区别是什么？

（2）图2-35所示为由压力传感器组成的PID闭环控制系统。储气罐的压力由压力传感器PS检测，送到变频器的10、11端子上。系统要求4~20mA的电流信号对应0~0.5MPa作为压力反馈值，目标值从模拟通道AI0设定，为0.375MPa，端子7启停变频器，用继电器1（21、22端子）作为变频器故障输出，变频器如何接线、如何设置参数才能实现PID功能？

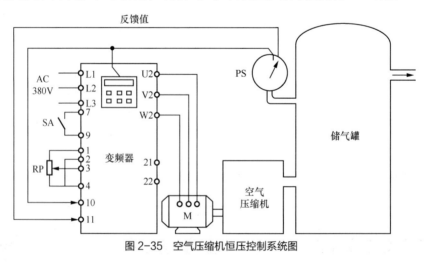

图2-35 空气压缩机恒压控制系统图

（3）恒压变频供水控制系统在运行时，压力时高时低，是什么原因引起的？如何解决？在运行过程中，压力发生变化后，恢复过程较慢，如何解决？

模块3 PLC变频控制系统的应用

导言

在变频调速控制系统中，通常采用 PLC 对变频器进行控制。根据 PLC 与变频器的连接方式，可以将 PLC 控制的变频调速系统分为 3 类：通过开关量端子控制的变频调速系统、通过模拟量端子控制的变频调速系统和通过通信接口控制的变频调速系统。本模块利用 PLC 的开关量输出端子、模拟量输出端子和通信接口分别与变频器的数字量输入端子、模拟量输入端子和通信接口连接以实现模块 2 中变频器的模拟量给定功能、电动电位器给定功能、固定转速给定功能和通信功能。本模块主要介绍这 3 类变频调速系统的组成、硬件电路、参数设置、程序设计和安装调试。

对接《运动控制系统开发与应用职业技能等级标准》中的"自动装备系统简易编程"（初级 2.1）、"系统配置基本概念"（中级 2.1）和《可编程控制系统集成及应用职业技能等级标准》中的"驱动器控制"（中级 2.3）、"驱动控制程序调试"（中级 3.2）工作岗位的职业技能要求，将本模块的学习任务分解为 3 个项目，如表 3-1 所示。本模块采用项目引导、任务驱动和行动导向驱动的方式重构学习内容，学生可在引导问题的帮助下，借助知识链接和配套视频学习变频调速系统的构建、编程和安装调试；在教师的指导下，分小组完成项目实施中的相关任务；最后和小组成员协作完成项目延伸任务。在完成任务期间，尝试解决任务实施过程中出现的问题，注意操作规范和安全要求。

表 3-1　学习任务、学习目标和学时建议

	项目名称	学时
学习任务	项目 3.1　数字量变频控制系统的安装与调试	8
	项目 3.2　模拟量变频控制系统的安装与调试	4
	项目 3.3　G120 变频器的通信	6
知识目标	• 掌握 PLC 与变频器的数字量、模拟量、通信连接方式 • 理解变频器输出端子转速到达功能 • 了解 S7-1200 PLC 模拟量模块的特点及接线 • 了解 G120 变频器通信接口的特点及接线 • 掌握 G120 变频器的报文类型及结构 • 知道变频调速系统的组成，掌握变频调速系统的硬件电路和软件编程	
技能目标	• 能根据任务书，按照不同的应用场景，独立配置变频调速系统并进行硬件电路的安装和调试 • 能根据任务书，完成变频调速系统的程序编写并进行软件调试 • 学会 S7-1200 PLC 与 G120 变频器的 PROFINET 通信系统的构建和调试	
素质目标	• 养成 6S 管理的职业素养 • 树立节能意识，践行绿色发展观 • 养成规则意识、培养契约精神 • 培养严谨认真、注重细节的工匠精神	

项目3.1
数字量变频控制系统的安装与调试

03

引导问题

1. PLC 变频控制系统通常由_____、_____和_____的接口电路组成。
2. PLC 与变频器的连接方式有_____连接、_____连接和_____连接。
3. 转速到达功能中,设定转速阈值的参数是_____,设置转速回差的参数是_____。

知识链接

3.1.1 PLC 与变频器的连接方式

PLC 变频调速系统通常由 3 部分组成,即变频器本体、PLC、变频器与 PLC 的接口电路。根据信号的不同,其连接方式分为数字量连接、模拟量连接和通信连接 3 种,其中通信连接方式在项目 3.3 中介绍。

1. PLC 与变频器数字量输入端子的连接方式

PLC 的数字量输出端子一般可以与变频器的数字量输入端子直接相连,通过 PLC 控制变频器正反转、点动、多段速及升降速运行。西门子 S7-1200 的 PLC 一般有继电器输出型和晶体管输出型两种。它们和变频器输入端子的连接方式有所不同。

(1)继电器输出型 PLC 与变频器的连接方式

对于继电器输出型的 PLC,其输出端子可以和变频器的输入端子直接相连。S7-1200 继电器输出型 PLC 与 G120 变频器的数字量输入端子的接线如图 3-1 所示。

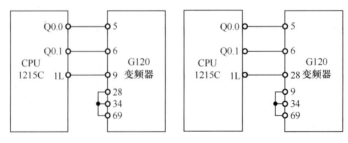

(a)漏型输入接线　　　　　　　　(b)源型输入接线

图 3-1 继电器输出型 PLC 与变频器的数字量输入端子接线方式

小提示

如果是漏型输入接线，需要将 PLC 输出的公共端 1L 与变频器的 24V 电源端子 9 相连，同时将 28、69、34 端子短接；如果是源型输入接线，需要将 PLC 输出的公共端 1L 与变频器的 0V 电源端子 28 相连，同时将 9、34、69 端子短接。

（2）晶体管输出型 PLC 与变频器的连接方式

S7-1200 晶体管输出型的 PLC 为 PNP 输出方式，由于 Q0.0（或者其他输出点输出时）输出的是 24V 信号，因此 CPU 1215C DC/DC/DC 与 G120 变频器的接线如图 3-2 所示。

小提示

PLC 为晶体管输出型时，其 4M（0V）端子必须与西门子变频器的 28、34、69 端子（0V）短接，否则，PLC 的输出不能形成回路。

2. PLC 与变频器模拟量端子的连接方式

变频器的模拟量输入（如设定值、反馈值等）通常采用 PLC 的模拟量输出模块给变频器提供输入信号。如图 3-3 所示，由西门子 SM1232 模拟量输出模块输出 0~10V 的电压信号（例如 0、0M 端子）或 0~20mA 的电流信号（例如 1、1M 端子）送入变频器的 3、4 端子或 10、11 端子之间，从而实现 PLC 的模拟量输出端子与变频器的模拟量输入端子的连接。

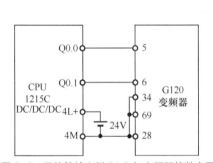

图 3-2 晶体管输出型 PLC 与变频器的数字量
输入端子接线方式

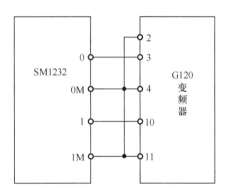

图 3-3 PLC 模拟量输出端子与变频器
模拟量输入端子的连接方式

小提示

接线时一定要把变频器的 2 端子（模拟 0V）和 4、11 端子短接，同时设置参数 p0756[0]和 p0756[1]选择 3、4 端子为电压输入，10、11 端子为电流输入。

3.1.2 变频器的转速到达功能

G120 变频器具有转速到达预置功能。需要将变频器的 3 个数字量输出端（对应的参数分别为 p0730、p0731、p0732）中的任一个预置为 53.4（实际转速大于转速阈值 p2155）或 53.5（实际转速小于或等于转速阈值 p2155），p2155 用来设定转速阈值，p2140 设置转速回差 H（带宽），则当变频器的实际输出转速到达转速阈值 p2155 时，就会驱动变频器相应的输出触点动作。如图 3-4 所示，如果设置 p0730=53.4，p2155=1 400r/min，p2140=100r/min，则当变频器实际转速大于 p2155 即 1 400r/min 时，数字量输出 DO0=1，其常开触点 19、20 闭合，常闭触点 18、20 断开，当变频器的实际转速≤1 400−100=1 300（r/min）时，此时 DO0=0，常开触点 19、20 恢复常开，常闭触点 18、20 恢复常闭。

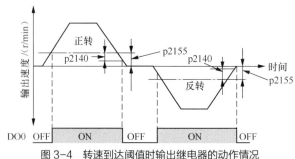

图 3-4　转速到达阈值时输出继电器的动作情况

项目实施

任务 1　离心机 PLC 变频控制系统的安装与调试

一、任务导入

用 PLC、变频器设计一个离心机控制系统。其控制要求：离心机由一台电机拖动，变频器调节离心机的速度。根据工艺要求，按下启动按钮时，离心机先以 500r/min 的速度运行，20s 后以 550r/min 的速度运行，以后每隔 20s，速度增加 50r/min，直到速度增加到 800r/min。按下停止按钮，离心机停止运行。试画出 PLC 与变频器的接线图，设置变频器的参数并编写 PLC 程序。

离心机 PLC 变频控制系统的安装与调试（视频）

二、任务实施

【设备和工具】

控制单元 CU240E-2 PN-F 1 个、功率模块 PM240-2（400V，0.55kW）1 个、BOP-2 操作面板 1 个、西门子 CPU1215C AC/DC/RLY 的 PLC 1 台、三相异步电机 1 台、安装有 TIA Portal V15 和 Startdrive V15 软件的计算机 1 台、网线 1 根、接触器 1 个、开关/按钮若干、《SINAMICS G120 低压变频器操作说明》、通用电工工具 1 套。

1. 连接硬件电路

离心机多段速控制的 I/O 分配如表 3-2 所示，其电路图如图 3-5 所示。图 3-5 中，将变频器的故障输出端子 19、20 接到 PLC 的 I0.4 输入端子上，故障复位按钮 SB 接变频器的 16 端子，用来给变频器复位。

表 3-2　离心机多段速控制的 I/O 分配表

输入			输出		
输入继电器	输入元件/端子	作用	输出继电器	输出元件/端子	作用
I0.0	SB1	变频器上电	Q0.0	5	速度选择 1
I0.1	SB2	变频器失电	Q0.1	6	速度选择 2
I0.2	SB3	启动	Q0.2	7	速度选择 3
I0.3	SB4	停止	Q0.3	8	启停
I0.4	19、20	故障信号	Q1.0	KM	控制变频器上电

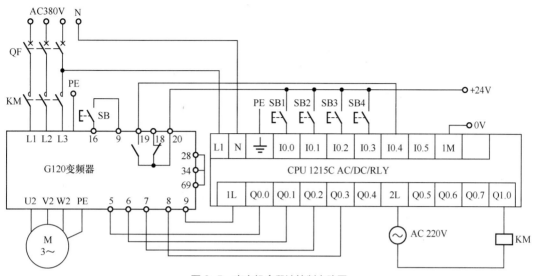

图 3-5　离心机多段速控制电路图

2. 参数设置

参考表 2-32 设置变频器参数。

3. 程序设计

根据控制要求可知，不同时间段对应的变频器端子状态和转速如表 3-3 所示。利用触点比较指令编写的离心机的 7 段速控制程序如图 3-6 所示。

表 3-3　不同时间段对应的变频器端子状态和转速

时间/s	8 端子启动（Q0.3）	7 端子速度选择 3（Q0.2）	6 端子速度选择 2（Q0.1）	5 端子速度选择 1（Q0.0）	对应转速参数	对应速度/（r/min）
$T_1 < 20$	1	0	0	1	p1001	500
$20 \leq T_1 < 40$	1	0	1	0	p1002	550
$40 \leq T_1 < 60$	1	0	1	1	p1003	600
$60 \leq T_1 < 80$	1	1	0	0	p1004	650
$80 \leq T_1 < 100$	1	1	0	1	p1005	700
$100 \leq T_1 < 120$	1	1	1	0	p1006	750
$120 \leq T_1 \leq 140$	1	1	1	1	p1007	800

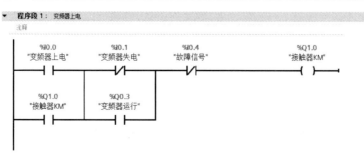

图 3-6　离心机的 7 段速控制程序

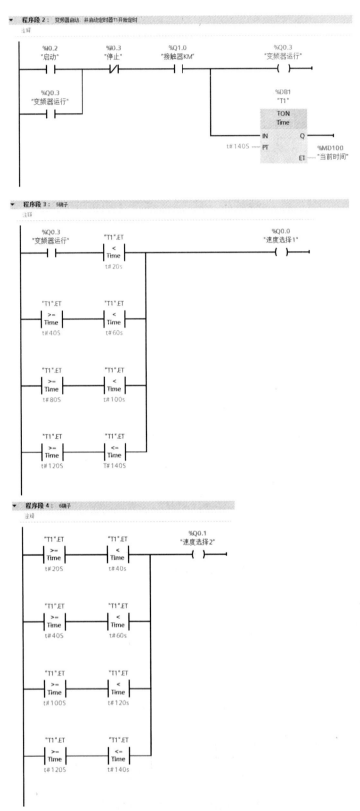

图 3-6 离心机的 7 段速控制程序（续）

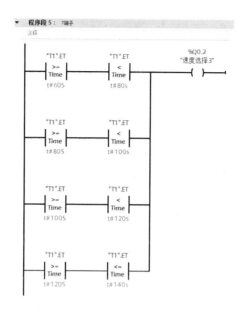

图 3-6　离心机的 7 段速控制程序（续）

4. 运行操作

（1）在图 3-5 中，合上 QF，给 PLC 上电，把图 3-6 所示的程序下载到 PLC 中。

（2）单击博途 V15 编程软件工具栏中的"启动 CPU"图标，使 PLC 处于"RUN"状态。按下 SB1（I0.0），Q1.0 为"1"，接触器 KM 线圈得电，其 3 对主触点闭合，变频器上电。

（3）将 G120 变频器恢复出厂设置，然后将设置的参数写入变频器中。

（4）变频器运行。当按下按钮 SB3（I0.2）时，Q0.3 得电并自锁，8 端子接通，变频器启动，同时 Q0.0 为"1"，接通变频器的 5 端子，变频器以 500r/min 的速度运行，以后每隔 20s，输出 Q0.0、Q0.1、Q0.2 都会按照表 3-3 的组合规律接通变频器的 5、6、7 端子，速度会依次按照 550 r/min、600 r/min、650 r/min、700 r/min、750 r/min、800 r/min 运行，最后稳定在 800 r/min 上。

（5）变频器停止运行。按下停止按钮 SB4（I0.3）或变频器发生故障即故障端子 19、20（I0.4）接通时，变频器停止运行。

任务 2　风机 PLC 工频/变频切换控制系统的安装与调试

一、任务导入

现有一台风机，采用变频器控制风机的运行，由模拟量输入端子 3、4 给定 0～10V 的电压信号调节风机的速度。当风机的运行速度达到 1 400r/min 时，变频器停止运行，延时 10s 后将风机自动切换到工频运行。另外，当风机运行在工频状态时，如果工作环境要求它进行无级调速，此时必须将风机由工频自动切换到变频状态运行。请设计风机 PLC 变频控制的接线图，设置参数并编写程序。

风机 PLC 工频/变频切换控制系统的安装与调试（视频）

二、任务实施

【设备和工具】

控制单元 CU240E-2 PN-F 1 个、功率模块 PM240-2（400V，0.55kW）1 个、BOP-2 操作面板 1 个、西门子 CPU1215C AC/DC/RLY 的 PLC 1 台、三相异步电机 1 台、安装有 TIA Portal V15 和 Startdrive V15 软件的计算机 1 台、网线 1 根、接触器 1

个，开关/按钮若干、《SINAMICS G120 低压变频器操作说明》、通用电工工具 1 套。

1. 连接硬件电路

根据控制要求，风机工频/变频自动切换控制的 I/O 分配如表 3-4 所示，对应的电路图如图 3-7 所示。SA 是工频和变频工作方式选择开关。风机的工频/变频切换信号来自变频器输出端子 19、20，当风机的实际转速大于 1 400r/min 时，端子 19、20 闭合，电机由变频运行自动切换到工频运行。

表 3-4　风机工频/变频自动切换控制的 I/O 分配

输入			输出		
输入继电器	输入元件/端子	作用	输出继电器	输出元件/端子	作用
I0.0	SB1	启动	Q0.0	5	变频器启动
I0.1	SB2	停止	Q0.1	HL1	工频运行指示
I0.2	SA	工频	Q0.2	HL2	变频运行指示
I0.3	SA	变频	Q0.5	KM1	控制变频器接电源
I0.4	19、20	转速到达	Q0.6	KM2	控制电机工频运行
I0.5	FR	电机过载保护	Q0.7	KM3	控制电机变频运行

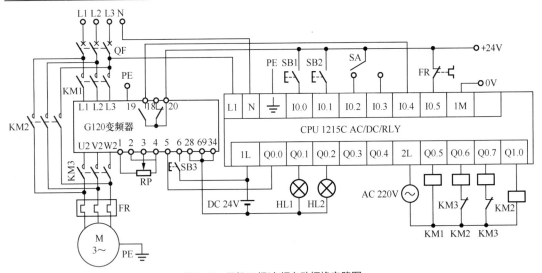

图 3-7　风机工频/变频自动切换电路图

2. 参数设置

参照表 3-5 设置参数。

表 3-5　风机的工频/变频自动切换参数设置

参数号	参数名称	出厂值	设定值	说明
p0015	宏命令	7	12	驱动设备宏命令，这里选择宏命令 12
p0840[0]	ON/OFF1	r2090.0	r0722.0	将 5 端子作为启动命令
p2103[0]	应答故障	r2090.7	r0722.1	将 6 端子作为故障复位命令
p1070[0]	主设定值	r2050.1	r0755.0	选择模拟量 AI0（3、4 端子）作为主设定值
p1080[0]	最小转速	0.000	0.00	风机的最小转速为 0r/min

续表

参数号	参数名称	出厂值	设定值	说明
p1082[0]	最大转速	1500.00	1500.00	风机的最大转速为 1 500r/min
p1120[0]	斜坡上升时间	10.000	5.000	斜坡上升时间为 5s
p1121[0]	斜坡下降时间	10.000	5.000	斜坡下降时间为 5s
p0756[0]	模拟输入类型	4	0	AI0 通道选择 0～10V 电压输入，同时将 DIP 开关拨到位置"U"上
p0730[0]	选择数字输出 1 的功能	r0052.3	r0053.4	将 DO0 预置为转速到达功能
p2140	转速回差 2	90.00	100.00	设置转速回差 H（带宽）为 100r/min
p2155	转速阈值2	900.00	1400.00	将转速阈值设定为 1 400r/min
p2000[0]	参考转速	1500.00	1500.00	设置参考转速为 1 500r/min

3. 程序设计

风机工频/变频自动切换控制程序如图 3-8 所示。

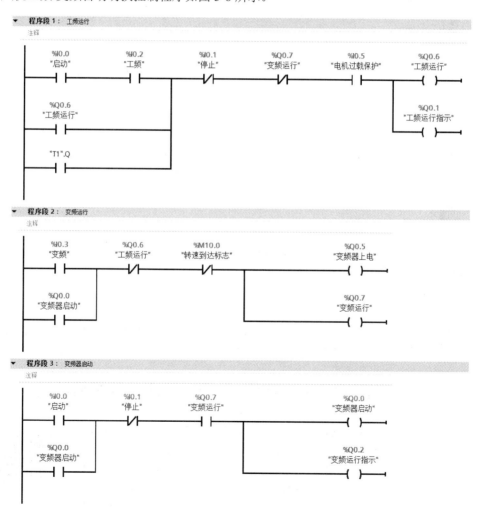

图 3-8　风机工频/变频自动切换控制程序

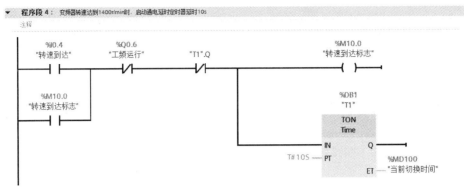

图 3-8　风机工频/变频自动切换控制程序（续）

4. 运行操作

（1）将图 3-8 所示的程序下载到 PLC 中。

（2）工频运行。将选择开关 SA 置于工频位置（即 I0.2 闭合），如图 3-8 中的程序段 1，此时按下 SB1（I0.0），Q0.6 为"1"，风机工频运行。同时工频指示灯 HL1 点亮。按下停止按钮 SB2（I0.1）或电机过载（I0.5 断开）时，停止工频运行。

（3）变频运行。如图 3-8 中的程序段 2，将选择开关 SA 置于变频位置（即 I0.3 闭合），Q0.5、Q0.7 同时为"1"，接触器 KM1 和 KM3 得电，给变频器上电，将表 3-5 中的参数输入到变频器中。

程序段 3 中，按下启动按钮 SB1（I0.0），接通变频器的 5 端子，变频器开始运行，同时变频器运行指示灯 HL2 点亮。调节电位器 RP，当变频器的实际运行速度达到 1 400r/min 时，变频器的输出端子 19、20 闭合（即 I0.4 为"1"），程序段 4 中的 M10.0 为"1"，程序段 2 中的 M10.0 常闭触点断开，Q0.5、Q0.7 为"0"，接触器 KM1 和 KM3 失电，将变频器从电机上切除；同时接通定时器 T1，延时 10s 后，其在程序段 1 中的常开触点闭合，Q0.6 为"1"，将电机切换为工频运行。

📖 小提示

当电机切换为工频运行时，由操作工将控制系统的选择开关置于工频位置。

（4）变频器停止。电机变频运行时，是不能通过程序段 2 中的 I0.3 切断变频器的供电电源的，因为此时 Q0.0 常开触点处于闭合状态。只有在程序段 3 中按下停止按钮 SB2（I0.1），让 Q0.0 变为"0"，才能停止变频器的供电电源。

（5）变频运行与工频运行时的互锁。控制电机工频运行的 Q0.6（控制接触器 KM2）与变频运行的 Q0.7（控制接触器 KM3）在程序段 1 和程序段 2 中通过 Q0.7 和 Q0.6 的常闭触点实现软件互锁，在硬件电路中，通过 KM2 和 KM3 的常闭触点实现电气互锁。

项目延伸　啤酒灌装输送带 PLC 控制系统的安装与调试

　　如图 3-9 所示，啤酒灌装输送带由变频电机驱动，在输送带端部安装有光电传感器 1，当检测到有啤酒瓶时，输送带以 100r/min 的低速起步，当运行到光电传感器 2 时，输送带加速到 300r/min 运行，当接近灌装工位的光电传感器 3 时，传送带以 5s 的斜坡下降时间停止运行，开始灌装啤酒。一旦变频器在运行过程中发生故障，PLC 将切除变频器的电源。光电传感器采用三线制 NPN 输出型传感器。为简化任务，灌装啤酒的动作不做要求，请

啤酒灌装输送带 PLC 控制系统的安装与调试（文档）

用 PLC 控制变频器的端子实现控制功能，完成以下任务。

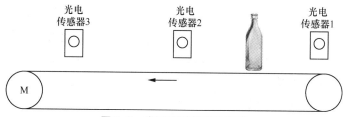

图 3-9　啤酒灌装输送带示意图

1．确定啤酒灌装输送带控制系统的 I/O 分配，并将输入/输出设备连接在图 3-10 所示的电路图上。

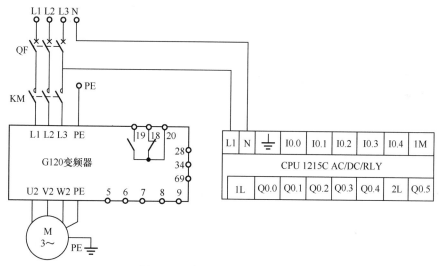

图 3-10　啤酒灌装输送带的电路图

2．根据控制要求，将变频器的参数设定值填入表 3-6 中。

表 3-6　啤酒灌装输送带的参数设置

参数号	设定值	参数号	设定值
p0015		p1001	
p0840		p1002	
p1020		p1016	
p1021		p1000	
p1070			

3．使用博途软件编写控制程序并进行调试。

课堂笔记

子曰："学而时习之，不亦说乎？"知识学完后要时常复习，本项目学习了利用 PLC 来控制变频器的数字量输入端子，请同学们复习 PLC 的相关知识，借助教材的知识链接和项目实施，完成以下问题并记录在课堂笔记上。

1. 用思维导图总结本项目的知识点和技能点。

2. 图 3-5 中，如果将 PLC 换成晶体管输出型的 CPU 1215C DC/DC/DC，请绘制离心机 PLC 控制电路图。

项目评价

由小组中的项目负责人总结本小组的知识掌握情况和项目完成情况，并在课堂上进行汇报。总结主要包括 3 个方面：用思维导图总结本项目的知识点和技能点；项目实施和项目延伸的成果展示；项目实施过程中遇到的问题及经验分享。

按照表 3-7，对本项目进行评价。评价成绩统一采用 A（优秀）、B（良好）、C（合格）、D（努力）4 档。该评价成绩作为本课程的过程考核成绩计入最终考核成绩。

表 3-7　数字量变频控制系统的安装与调试项目评价表

评价分类	评价内容	评价标准	自我评价	教师评价	总评
专业知识	引导问题	① 正确完成 100%的引导问题，得 A； ② 正确完成 80%及以上、100%以下的，得 B； ③ 正确完成 60%及以上、80%以下的，得 C； ④ 其他得 D			
	课堂笔记	① 完成项目 3.1 的知识点和技能点的总结； ② 画出离心机的晶体管输出型 PLC 与变频器的接线图			

续表

评价分类	评价内容	评价标准	自我评价	教师评价	总评
专业技能	任务 1	① 能正确连接离心机的 PLC 变频控制电路图并设置参数； ② 能编写离心机的 PLC 控制程序并进行调试			
	任务 2	① 能正确连接变频/工频切换控制电路图并设置参数； ② 能使用转速到达功能编写工频/变频自动切换控制程序并进行调试			
	项目延伸	① 会画出啤酒灌装输送带的 PLC 控制电路图并设置参数； ② 能编写啤酒灌装 PLC 控制程序并实现功能			
职业素养	6S 管理	① 工位整洁、工器具摆放到位； ② 导线无浪费，废品清理分类符合要求； ③ 按照安全生产规程操作设备			
	展示汇报	① 能准确并流畅地描述出本项目的知识点和技能点； ② 能正确展示并介绍项目延伸实施成果； ③ 能大方得体地分享所遇到的问题及解决方法			
	沟通协作	① 善于沟通，积极参与； ② 分工明确，配合默契			
自我总结	优缺点分析				
	改进措施				

电子活页拓展知识　两台变频器的联锁控制

　　变频器输出端子的转速到达功能除了用在变频控制系统的工频和变频工作方式的自动切换中，还可以用在两台变频器或多台变频器的联锁控制中。例如，当第一台变频器的运行速度达到 500r/min 时，第二台变频器才能启动，如何利用变频器的转速到达功能实现这样的控制要求呢？请扫码学习"两台变频器的联锁控制"。

两台变频器的联锁控制（文档）

自我测评

1. 填空题

　　（1）继电器输出型 PLC 的数字量输出端子可以和变频器的_____端子直接相连。如果变频器是漏型输入接线，需要将 PLC 的公共端 1L 与变频器的_____端子相连，同时将_____端子短接；如果变频器是源型输入接线，需要将 PLC 的公共端 1L 与变频器的_____端子相连，同时将_____端子短接。

（2）S7-1200 晶体管输出型的 PLC 为_____输出方式，CPU 1215C DC/DC/DC 的_____端子必须与变频器的_____端子（0V）短接，否则，PLC 的输出不能形成回路。

（3）西门子 SM1232 模拟量输出模块的输出端子 0、0M 或 1、1M 端子与变频器的_____端子或_____连接。

（4）如果需要将变频器 DO1（21、22 端子）的功能预置为转速到达功能，则需要令 p0731=_____，假设 p2155=1 200r/min，p2140=200r/min，则当变频器实际转速大于_____r/min 时，数字量输出 DO1=_____，其常开触点 21、22_____；当变频器的实际转速小于或等于_____r/min 时，DO1=_____，常开触点 21、22_____。

2．分析题

（1）图 3-5 中，为什么不能将接触器 KM 的线圈接在 Q0.4 上？图 3-7 中，变频和工频两种工作方式是如何通过硬件电路和软件编程进行互锁控制的？

（2）图 3-7 所示的变频和工频切换电路中，如果一旦变频器发生故障时，也需要将电机由变频运行自动切换到工频运行，如何设置变频器的参数？如何修改图 3-7 的硬件电路和图 3-8 的程序？

（3）物料分拣输送带是现代物流系统的重要组成部分，物料分拣输送带采用三相鼠笼式异步电机驱动，通过变频器来调节输送带的速度，如图 3-11 所示。

① 输送带能进行正反转控制，且用操作台上的按钮通过 PLC 控制变频器的外部端子进行电机的启动/停止、正转/反转运行。

② 速度设定用可调电位器 RP 实现。

③ 变频器一旦出现故障，系统会自动切断变频器的电源。通过外接按钮可对变频器进行复位操作。

请画出 PLC 与变频器的接线图，设置变频器的参数并编写程序。

图 3-11　物料分拣输送带

项目3.2
模拟量变频控制系统的安装与调试

引导问题

1．SM1234 模拟量输入/输出模块有_____路模拟量输入和_____路模拟量输出。

2．SM1234 模拟量输入端子接受的电压信号有_____V、_____V 和_____V。输出端子既能输出_____V 的电压信号，也能输出_____mA 的电流信号。

3．SM1234 模拟量输入/输出模块电压信号对应的数字量范围是_____，电流信号对应的数字量范围是_____。

知识链接　模拟量输入/输出模块 SM1234

模拟量输入/输出模块 SM1234（视频）

SM1234 模拟量输入/输出模块是 S7-1200 PLC 最常用的模拟量扩展模块，它实现了 4 路模拟量输入和 2 路模拟量输出功能，其输入/输出信号类型和范围如表 3-8 所示。

表 3-8　SM1234 模拟量输入/输出模块的信号类型范围和数字量量程范围

模块类型	通道数	信号类型范围	数字量量程范围
4×AI / 2×AO	4AI	±10V、±5V、±2.5V、0~20mA、4~20mA	电压：−27 648~27 648
	2AO	电压或电流：±10V 或 0~20mA	电流：0~27 648

1. SM1234 模拟量输入/输出模块的接线图

SM1234 模拟量输入/输出模块的接线图如图 3-12 所示。SM1234 的上部为模拟量输入端子，每 2 个点为一组，例如：0+和 0−为 1 路模拟量输入端；下部是 2 路模拟量输出（0 和 0M、1 和 1M），模拟量输入/输出通道可接受的信号类型、规格及对应的数字量量程范围如表 3-8 所示。当 SM1234 模拟量输入/输出模块处于正常状态时，其模块上的 LED 指示灯为绿色。

📖 小提示

对于模拟量输入，传感器电缆应尽可能短，而且使用屏蔽双绞线；一般电压信号比电流信号容易受干扰，应优先选用电流信号。

2. SM1234 模拟量输入/输出模块的组态

SM1234 模拟量输入/输出模块能同时输入/输出电压或电流信号，但需要通过 TIA Portal V15 编程软件对其进行组态。在 CPU 1215C AC/DC/RLY 的基础上，从硬件目录（标记①处）选择 SM1234 模块（其供货号为 6ES7 234-4HE32-0xB0），将其拖动到标记②处，如图 3-13 所示，双击标记②处的 SM1234 模块，弹出图 3-13 所示的窗口，用户选中左侧的 I/O 地址，可以在右侧的硬件组态设置中定义 SM1234 模拟量输入/输出模块的输入地址和输出地址，这里输入和输出的起始地址均为 96（标记③处），地址的范围为 0～1 023。

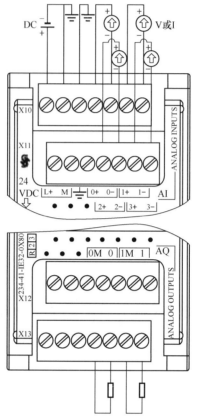

图 3-12　SM1234 模拟量输入/输出模块的接线图

图 3-13　添加 SM1234 模拟量输入/输出模块

（1）模拟量输入的组态，如图 3-14（a）所示。

① 选择"模拟量输入"选项。

② 由于现场电磁干扰的影响，模拟量输入信号会出现数据失真或漂移，这时可以在标记②处选择积分时间对输入信号进行滤波，以消除或抑制现场的噪声。这里选择"50Hz"。

③ 通道地址：它是图 3-13 定义后系统自动分配的，通道 0～通道 3 的地址分别是 IW96、IW98、IW100 和 IW102，用户不可以更改。

④ 测量类型：选择模拟量输入信号类型是电压信号还是电流信号，这里选择"电流"。

📖 **注意**

通道 0 和通道 1 的输入信号必须组态为同一种类型，通道 2 和通道 3 的输入信号必须组态为同一种类型。

⑤ 范围：选择模拟量输入信号范围。电压信号范围：±10V、±5V、±2.5V；电流信号范围：0～20mA、4～20mA。这里选择 0～20mA。

⑥ 滤波：根据输入动态响应的高低选择输入平滑度（无、弱、中、强）。这里选择"弱（4个周期）"，表示 4 次采样算一次平均值。

⑦ 设置模拟量输入超出范围报警。由于输入选择的是电流，这里选中"启用溢出诊断"和"启用下溢诊断"复选框。

（2）模拟量输出的组态，如图 3-14（b）所示。

① 选择"模拟量输出"→"通道 0"选项。

② 通道地址：它是图 3-13 定义后系统自动分配的，通道 0 和通道 1 的地址分别是 QW96、QW98，用户不可以更改。

③ 模拟量输出的类型：选择模拟量输出信号类型是电压信号还是电流信号，这里选择"电压"。

（a）模拟量输入组态

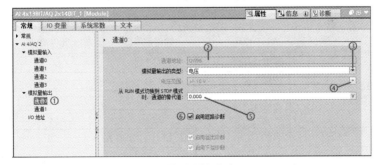

（b）模拟量输出组态

图 3-14　SM1234 模拟量输入/输出模块的组态

④ 范围：选择模拟量输出信号范围。电压信号范围：±10V；电流信号范围：0～20mA。这里选择"±10V"。

⑤ 从 RUN 模式切换到 STOP 模式时，通道的替代值：只要 CPU 处于 STOP 模式，模拟量输出就可组态为使用替代值。这里选择"0.000"，即 PLC 处于 STOP 模式时，模拟量模块输出为 0。

⑥ 设置模拟量输出超出范围报警。由于选择的是电压输出信号，因此这里选中"启用短路诊断"复选框。

项目实施

任务 搅拌机 PLC 远程控制系统的安装与调试

一、任务导入

某化工厂的工业搅拌机是一种将多种原料搅拌混合，使之成为一种稠度适宜的混合物的机器。该搅拌机由一台三相异步电机通过皮带驱动。根据工艺要求，5 端子控制变频器的启停，PLC 的模拟量输出模块通过给变频器 3、4 端子发送电压信号来调节转速，搅拌机通过速度选择开关选择 3 个工作速度：1 速为 450r/min、2 速为 900r/min、3 速为 1 200r/min。请画出 PLC 与变频器的接线图，设置参数并编写程序。

搅拌机 PLC 远程控制的安装与调试（视频）

二、任务实施

【设备和工具】

控制单元 CU240E-2 PN-F 1 个、功率模块 PM240-2（400V，0.55kW）1 个、BOP-2 操作面板 1 个、西门子 CPU1215C AC/DC/RLY 的 PLC 1 台、SM1234 模拟量输入/输出模块 1 块、三相异步电机 1 台、安装有 TIA Portal V15 和 Startdrive V15 软件的计算机 1 台、网线 1 根、接触器 1 个、开关/按钮若干、《SINAMICS G120 低压变频器操作说明》、通用电工工具 1 套。

1. 连接硬件电路

根据控制要求,搅拌机远程控制的I/O分配如表3-9所示,其电路图如图3-15所示。将SM1234 模拟量输入/输出模块的输出端 0、0 M 接到变频器的 3、4 端子上，调节搅拌机的速度。变频器将输出端子 12、13 的实际速度信号发送到 SM1234 的模拟量输入端 0+、0-上，通过上位机显示变频器的实际速度。5 端子控制变频器启停，7 端子用来对变频器进行故障复位。

表 3-9 搅拌机远程控制的 I/O 分配

输入			输出		
输入继电器	输入元件/端子	作用	输出继电器	输出元件/端子	作用
I0.1		速度选择 1	Q0.0	5	变频器启动
I0.2	SA1	速度选择 2	Q0.5	HL1	变频器运行指示
I0.3		速度选择 3	Q0.6	HL2	变频器故障指示
			Q0.7	KM	变频器上电
I0.4	SB1	启动	0、0M（QW96）	3、4	远程速度信号
I0.5	SB2	停止			
I1.0	19、20	故障信号			
0+、0-（IW96）	12、13	变频器转速测量			

📖 **小提示**

如图 3-15 所示，接线时一定要把变频器的 2 和 4 端子短接，否则速度给定不准确。6 端子只在项目延伸的本地/远程切换控制中才接外部故障继电器 KA 的常闭触点。

2. 参数设置

根据控制要求，选择宏 12，请参考表 2-7 和表 2-8 进行参数设置。

3. 程序设计

（1）硬件配置

使用 TIA Portal 软件添加 CPU 1215C AC/DC/RLY 和模拟量模块 SM1234，按照知识链接中的"SM1234 模拟量输入/输出模块的组态"，将 SM1234 模拟量输入/输出模块的模拟量输入 0 通道的地址组态为 IW96，输入信号组态为电流信号，模拟量输出 0 通道的地址组态为 QW96，输出信号组态为电压信号。

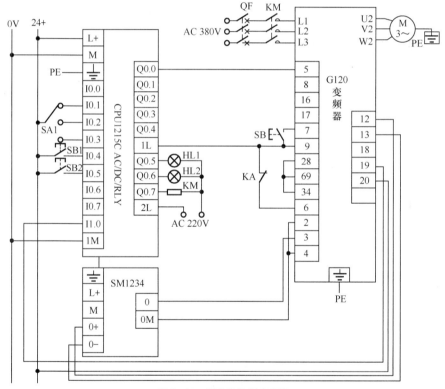

图 3-15 搅拌机控制电路图

（2）添加远程控制 FB1 块

在搅拌机的变频控制系统中，远程控制使用了 FB1 块，其接口参数定义如图 3-16 所示。

图 3-17 为 FB1 块远程控制的梯形图。程序段 1 通过速度选择开关将速度给定值传送到中间变量 1 中。程序段 2 的标准化指令 NORM_X 将速度给定值 0.0～1 400.0r/min 归一化为 0.0～1.0 之间的浮点数，然后用缩放指令 SCALE_X 将其转换成"#远程速度信号"中对应的数字量（远程速度信号）0～27 648，通过 SM1234 模拟量输入/输出模块再将 0～27 648 转换成 0～10V 的电压信号对变频器调速，其中搅拌机的 3 种速度与模拟量电压及数字量之间的对应关系如表 3-10

所示。程序段 3 用标准化指令 NORM_X 将"#变频器转速测量"值对应的 SM1234 模拟量输入/输出模块中的数字量 0～27 648 归一化为 0.0～1.0 之间的浮点数，然后用缩放指令 SCALE_X 将其转换成对应的 0.0～1 400.0r/min 的实际转速并保存在形参"#实际速度"中。

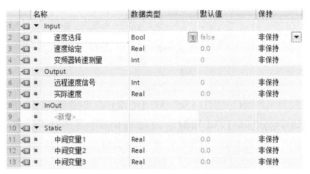

图 3-16　定义远程控制的 FB1 块接口参数

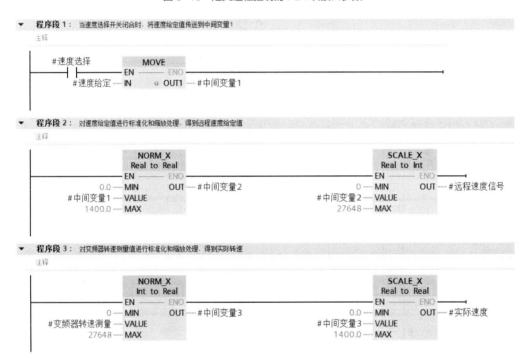

图 3-17　FB1 块远程控制的梯形图

表 3-10　搅拌机的 3 种速度与模拟量信号及数字量信号之间的对应关系

速度给定值/（r/min）	420	840	1 120
模拟电压/V	3	6	8
数字量（QW96）	8 294	16 589	22 118

（3）主程序编程

主程序 OB1 的梯形图如图 3-18 所示。程序段 1 是初始化程序，用于对 QW96 和 MD100 清零；程序段 2 用于变频器的启停控制；程序段 3、4、5 调用远程控制功能块 FB1；程序段 6 用于变频器的报警显示。

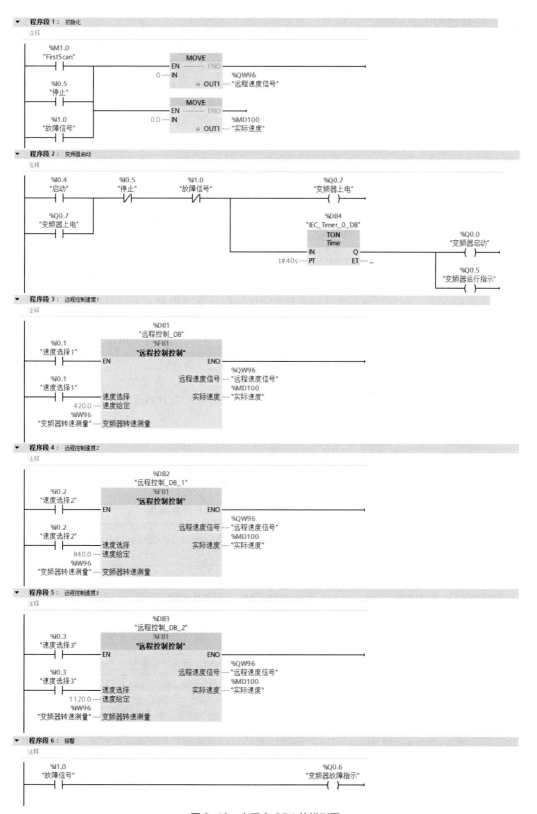

图 3-18　主程序 OB1 的梯形图

4. 运行操作

（1）将图 3-17、图 3-18 所示的程序下载到 PLC 中并让 PLC 处于"监视"模式。

（2）变频器远程运行。将速度选择开关 SA1 置于某个速度，比如闭合 I0.1，QW96（选择十进制显示格式）显示数字量 8294。按下启动按钮 SB1（I0.4），变频器以 420r/min 的速度运行，同时变频器运行指示灯 HL1 点亮。MD100 显示变频器的实际速度约为 420r/min。其他 2 段速度的运行过程与此类似。

（3）变频器停止。在图 3-18 所示程序的程序段 2 中，按下停止按钮 SB2（I0.5）或是变频器发生故障（I1.0 闭合）时，Q0.0、Q0.5 和 Q0.7 变为"0"，变频器停止运行，同时在程序段 1 中，对 QW96、MD100 清零，便于变频器下一次的运行。

项目延伸　搅拌机 PLC 本地/远程切换控制系统的安装与调试

搅拌机采用本地和远程两种控制方式，通过接到 I0.0 的选择开关 SA2 进行切换。变频器的 8 端子（与 Q0.1 相连）具有本地/远程切换功能，Q0.1=0 为远程控制，其控制要求与项目实施任务的控制要求相同；Q0.1=1 为本地控制，升、降速按钮分别接到 PLC 的 I0.6 和 I0.7 上，5 端子控制变频器的启停，转速通过电动电位器调节，16 端子（接 Q0.2）控制变频器升速，17 端子（接 Q0.3）控制变频器降速。请参考电子活页拓展知识中的"宏 15"以及任务实施的远程控制，完成下面的任务。

搅拌机 PLC 本地/
远程切换控制系
统的安装与调试
（文档）

📖 小提示

此任务难度较大，如果独立完成确有困难，请扫码获取"搅拌机本地/远程切换控制"的参考样例。

1. 搅拌机远程控制的 I/O 分配如表 3-9 所示，请将本地控制需要增加的输入和输出元件画在图 3-15 预留的位置处。

2. 请将搅拌机本地/远程切换控制参数的设定值填写在表 3-11 的空白处。

表 3-11　搅拌机本地/远程切换控制的参数设置

参数号	参数名称	设定值	说明
p0015	宏命令		选择宏 15
* p0840[0]	ON/OFF1		远程控制：将 5 端子作为启动命令
* p0840[1]	ON/OFF1		本地控制：将 5 端子作为启动命令
* p2106[0]	外部故障 1		远程控制：设置外部故障 1 的信号源，6 端子断开，触发外部故障
* p2106[1]	外部故障 1		本地控制：设置外部故障 1 的信号源，6 端子断开，触发外部故障
* p2103[0]	应答故障		远程控制：将 7 端子作为故障复位命令
* p2103[1]	应答故障		本地控制：将 7 端子作为故障复位命令
* p0810	指令数据组选择 CDS 位 0		将 8 端子作为本地/远程切换命令
* p1035[0]	电动电位器设置值升高		远程控制：未定义
* p1035[1]	电动电位器设置值升高		本地控制：将 16 端子作为 MOP 升速命令

续表

参数号	参数名称	设定值	说明
* p1036[0]	电动电位器设置值降低		远程控制：未定义
* p1036[1]	电动电位器设置值降低		本地控制：将 17 端子作为 MOP 降速命令
* p1070[0]	主设定值		远程控制：模拟量 AI0（3、4 端子）作为主设定值
* p1070[1]	主设定值		本地控制：电动电位器（MOP）设定值作为主设定值
p0756[0]	模拟输入类型		AI0 通道选择 0～10V 电压输入，同时将 DIP 开关调节到位置"U"上。
p2000[0]	参考转速		设置参考转速为 1 400r/min

注：带*号的参数为设置宏 15 后变频器自动设置的参数，带下标[0]的是远程控制参数，带下标[1]的是本地控制参数。

3. 使用博途软件编写控制程序并进行调试。

📖 **小提示**

本地控制可以添加一个 FC 块进行编程，然后通过选择开关 SA1 在主程序中调用 FC 块即可；变频器 6 端子上的开关必须处于闭合状态，否则变频器报 F07860 故障，变频器不能正常运行。

课堂笔记

《吕氏春秋·自知》中有："欲知平直，则必准绳；欲知方圆，则必规矩。"在对 PLC 模拟量进行处理时，我们通常使用标准化指令和缩放指令进行编程，这种标准化的编程方法使程序变得易懂易学。请同学们借助教材的知识链接和项目实施，完成以下问题并记录在课堂笔记上。

1. 用思维导图总结本项目的知识点和技能点。

2. 为什么在编写模拟量控制程序时，要使用博途软件先对 SM1234 模拟量输入/输出模块进行组态？

项目评价

由小组中的项目负责人总结本小组的知识掌握情况和项目完成情况，并在课堂上进行汇报。总结主要包括 3 个方面：用思维导图总结本项目的知识点和技能点；项目实施和项目延伸的成果展示；项目实施过程中遇到的问题及经验分享。

按照表 3-12，对本项目进行评价。评价成绩统一采用 A（优秀）、B（良好）、C（合格）、D（努力）4 档。该评价成绩作为本课程的过程考核成绩计入最终考核成绩。

表 3-12 模拟量变频控制系统的安装与调试项目评价表

评价分类	评价内容	评价标准	自我评价	教师评价	总评
专业知识	引导问题	① 正确完成 100% 的引导问题，得 A； ② 正确完成 80% 及以上、100% 以下的，得 B； ③ 正确完成 60% 及以上、80% 以下的，得 C； ④ 其他得 D			
	课堂笔记	① 完成项目 3.2 的知识点和技能点的总结； ② 正确回答课堂笔记的问题			
专业技能	任务	① 能组态模拟量模块并正确连接搅拌机本地控制电路图； ② 能使用 FB 块编写搅拌机远程控制程序并进行调试			
	项目延伸	① 会将本地控制增加的输入/输出元件画在图 3-15 上； ② 正确设置本地控制和远程控制两套参数； ③ 能编写搅拌机本地/远程切换控制程序并实现功能			
职业素养	6S 管理	① 工位整洁，工器具摆放到位； ② 导线无浪费，废品清理分类符合要求； ③ 按照安全生产规程操作设备			
	展示汇报	① 能准确并流畅地描述出本项目的知识点和技能点； ② 能正确展示并介绍项目延伸实施成果； ③ 能大方得体地分享所遇到的问题及解决方法			
	沟通协作	① 善于沟通，积极参与； ② 分工明确，配合默契			
自我总结	优缺点分析				
	改进措施				

电子活页拓展知识 宏命令 15

搅拌机 PLC 本地/远程切换控制中用到了宏命令 15，它具有模拟量给定和电动电位器（MOP）给定切换功能。一旦选择了宏命令 15，变频器就可以提供两种控制方式，通过变频器的数字量 8 端子切换控制方式，当 8 端子断开时，变频器为远程控制方式，此方式中 5 端子控制变频器的启停，转速通过模拟量 3、4 端子给定–10～10V 的电压信号调节；当 8 端子闭合时，变频器为本地控制方式，此方式中 5 端子控制变频器的启停，转速通过电动电位器调节，16 端子是升速端子，17 端子是降速端子。宏命令 15 在设置参数时，需要设置本地和远程两套参数，宏命令 15 的接线图以及参数的具体设置请扫码学习"宏命令 15"。

宏命令 15（文档）

自我测评

1. 填空题

（1）当 SM1234 模拟量输入/输出模块处于正常状态时，其模块上的 LED 指示灯为_____色。

（2）SM1234 模拟量输入/输出模块的上部为_____路模拟量_____端子，每_____个点为一组；下部是_____路模拟量_____端子。

（3）SM1234 模拟量输入/输出模块的模拟量输入通道 0～通道 3 的地址可以定义为 IW96、IW_____、IW_____和 IW_____；模拟量输出通道 0 和通道 1 的地址可以定义为_____96、_____98。

（4）SM1234 模拟量输入/输出模块的输入信号类型可以是_____信号或_____信号，通道_____和通道_____的输入信号必须组态为同一种类型。

（5）如果需要将模拟量输入 IW64 中的 A/D 转换结果读取到 S7-1200 PLC 中，可以使用_____指令；如果需要将数字量 9600 写入到 QW96 中进行 D/A 转换，可以使用_____指令。

2. 分析题

（1）使用传感器将 50～100℃的温度信号转换为 0～20 mA 的电流信号，SM1234 模拟量输入/输出模块将给定的 0～20mA 的电流经过 A/D 转换变为 0～27 648 的数字量，请将对应的转换数据填写在表 3-13 中，如何编写转换程序？

表 3-13 温度、电流与数字量之间的对应关系

温度/℃	50	61.2	72.4	83.59	100
电流/mA					
数字量					

（2）使用 SM1234 模拟量输入/输出模块将给定的数字量 0～27 648 经过 D/A 转换变为对应的 0～10V 电压信号，该电压对应 0～1 000r/min 的转速，请将对应的转换数据填写在表 3-14 中，如何编写转换程序？

表 3-14 数字量、电压与转速之间的对应关系

数字量	0	6 192	12 384	18 576	27 648
模拟电压/V					
转速/（r/min）					

（3）如果速度给定范围是 0～1 200r/min，通过 SM1234 模拟量输入/输出模块输出对应的 0～10V 电压信号控制变频器的输出转速，当按下加速按钮时，每按一次变频器的速度增加 10r/min，当按下减速按钮时，每按一次变频器的速度减少 10r/min，试画出控制系统的硬件接线图，设置变频器的参数并编写控制程序。

引导问题

1. G120 变频器的通信方式有_____通信、_____通信和_____通信。
2. 将现场总线设为设定值源时，必须令 p1070=_____。
3. G120 变频器的 PROFIdrive 通信中，正转的控制字是_____，反转的控制字是_____，停止的控制字是_____。

知识链接　PROFIdrive 通信基础

通过现场总线接口，SINAMICS G120 变频器可以和上位控制器进行 RS-485 通信（USS 通信和 Modbus RTU 通信）、PROFIBUS 通信和 PROFINET 通信。

1. 现场总线作为设定值源

现场总线给定是指上位机通过现场总线接口按照特定的通信协议、特定的通信介质将数据传输到变频器以改变变频器给定速度的方式。上位机一般是指计算机（或工控机）、PLC、DCS 和人机界面等主控制设备。该给定属于数字量给定。

将现场总线设为设定值源时，必须将变频器连接到上位控制器上，通过标准报文将接收字 PZD 与主设定值互联，如图 3-19 所示。其参数设置如表 3-15 所示。

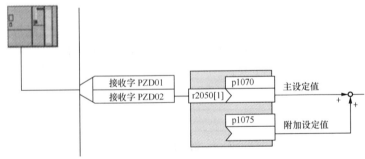

图 3-19　现场总线作为设定值源

表 3-15　现场总线作为设定值源的参数设置

参数号	参数功能	设定值	说明
p1070	主设定值	r2050[1]	主设定值与现场总线的过程数据 PZD02 互联
p1075	附加设定值	r2050[1]	附加设定值与现场总线的过程数据 PZD02 互联

2. PROFIdrive 通信

PROFIdrive 是 PI 国际组织（PROFIBUS and PROFINET International）推出的一种标准驱动控制协议，也称为"行规"，用于控制器与驱动器之间的数据交换。其底层可以使用 PROFIBUS 总线或者 PROFINET 网络。PROFIdrive 主要由以下 3 部分组成。

（1）控制器（Controller），包括一类 PROFIBUS 主站与 PROFINET I/O 控制器，例如 S7-1200 PLC 可以作为一类主站。

（2）监控器（Supervisor），包括二类 PROFIBUS 主站与 PROFINET I/O 管理器，例如触摸屏为二类主站。

（3）执行器（Drive Unit），包括 PROFIBUS 从站与 PROFINET I/O 装置，例如变频器。

> 学海领航：PROFIdrive 协议是 PLC 控制器与变频器通信时双方必须遵循的规则和约定。PLC 与变频器只有遵循了 PROFIdrive 规则，两者才能协同工作实现信息交换和资源共享。请扫码学习"通信与规则意识"。

3. 接收数据和发送数据

变频器从上级控制器（PLC）中接收循环数据，再将循环数据反馈给控制器，如图 3-20 所示。变频器和控制器各自在报文中打包数据。

循环数据交换的报文结构如图 3-21 所示。报文中的标题"Header"和尾标"Trailer"构成了协议框架，报文中的"PKW"和"PZD"为有效数据。借助"PKW"数据，变频器可以读取或更改变频器中的各个参数，但不是每个报文中都有"PKW"区域。通过"PZD"数据，变频器可以接收控制指令和上级控制器的设定值或发送状态消息和实际值。

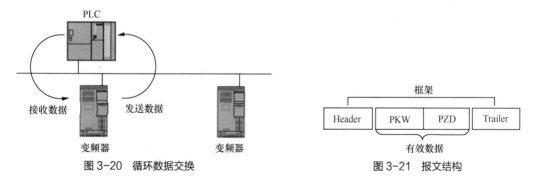

图 3-20　循环数据交换　　　　　图 3-21　报文结构

4. 报文类型及结构

PROFIdrive 协议中为典型应用定义了特定的报文并分配有固定的 PROFIdrive 报文号。SINAMICS 系列产品报文有标准报文和西门子报文。标准报文是 PROFIdrive 协议中定义的报文；西门子报文是西门子特有的报文。用于转速控制的标准报文结构如图 3-22 所示。报文结构中 PZD 数据缩写的含义如表 3-16 所示。

PZD-X/Y：表明 I/O 数据长度（过程数据数量）。例如图 3-22 中，标准报文 3 的报文数据长度是 PZD-5/9。

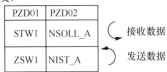

标准报文1

PZD01	PZD02
STW1	NSOLL_A
ZSW1	NIST_A

接收数据
发送数据

（a）转速设定值16位

标准报文2

PZD01	PZD02	PZD03	PZD04
STW1	NSOLL_B		STW2
ZSW1	NIST_B		ZSW2

（b）转速设定值32位

标准报文3

PZD01	PZD02	PZD03	PZD04	PZD05	PZD06	PZD07	PZD08	PZD09
STW1	NSOLL_B		STW2	G1_STW				
ZSW1	NIST_B		ZSW2	G1_ZSW	G1_XIST1		G1_XIST2	

（c）转速设定值32位，1个位置编码器

图3-22　用于转速控制的标准报文结构

X：上级控制器向SINAMICS G120变频器发送控制字的数据，单位为字。

Y：SINAMICS G120变频器向上级控制器反馈状态字的数据，单位为字。

表3-16　PZD数据缩写的含义

缩写	说明	缩写	说明
STW	控制字	NIST_B	转速实际值32位
ZSW	状态字	G1_STW/G2_STW	编码器1或编码器2的控制字
NSOLL_A	转速设定值16位	G1_ZSW/G2_ZSW	编码器1或编码器2的状态字
NSOLL_B	转速设定值32位	G1_XIST1/G2_XIST1	编码器1或编码器2的位置实际值1
NIST_A	转速实际值16位	G1_XIST2/G2_XIST2	编码器1或编码器2的位置实际值2

5. 过程值通道——PZD通道

PZD通道用于控制变频器启停、调速、读取实际值及状态信息等。主站通过PZD通信方式将控制字（STW）和主设定值（NSOLL_A）周期性地发送至变频器，变频器将状态字（ZSW）和转速实际值（NIST_A）送回到主站。

（1）控制字（STW）

控制字（STW）各位的含义如表3-17所示。

表3-17　控制字各位的含义

控制字位	含义	说明	参数设置
0	ON/OFF1	0=OFF1：电机按斜坡函数发生器的减速时间p1121制动。达到静态后，变频器会关闭电机。 0→1=ON，变频器进入"运行就绪"状态。另外位3=1时，变频器接通电机	p0840[0] = r2090.0
1	OFF2停车	0=OFF2：电机立即关闭，惯性停车。 1=OFF2不生效：可以接通电机（ON指令）	p0844[0]=r2090.1
2	OFF3停车	0=快速停机（OFF3）：电机按OFF3减速时间p1135制动，直到达到静态。 1=快速停机无效（OFF3）：可以接通电机（ON指令）	p0848[0]=r2090.2

控制字位	含义	说明	参数设置
3	脉冲使能	0=禁止运行：立即关闭电机（脉冲封锁）。 1=使能运行：接通电机（脉冲使能）	p0852[0]=r2090.3
4	使能斜坡函数发生器	0=封锁斜坡函数发生器：变频器将斜坡函数发生器的输出设为 0。 1=不封锁斜坡函数发生器：允许斜坡函数发生器使能	p1140[0]=r2090.4
5	继续斜坡函数发生器	0=停止斜坡函数发生器：斜坡函数发生器的输出保持在当前值。 1=使能斜坡函数发生器：斜坡函数发生器的输出跟踪设定值	p1141[0]=r2090.5
6	使能转速设定值	0=封锁设定值：电机按斜坡函数发生器减速时间 p1121 制动。 1=使能设定值：电机按加速时间 p1120 升高到速度设定值	p1142[0]=r2090.6
7	故障应答	0 → 1=应答故障：如果仍存在 ON 指令，变频器进入"接通禁止"状态	p2103[0]=r2090.7
8, 9	预留	—	—
10	通过 PLC 控制	0=不由 PLC 控制：变频器忽略来自现场总线的过程数据。 1=由 PLC 控制：由现场总线控制，变频器会采用来自现场总线的过程数据	p0854[0]=r2090.10
11	反向	1=换向：取反变频器内的设定值	p1113[0]=r2090.11
12	未使用	—	—
13	电动电位计升速	1=电动电位器升高：提高保存在电动电位器中的设定值	p1035[0]=r2090.13
14	电动电位计降速	1=电动电位器降低：降低保存在电动电位器中的设定值	p1036[0]=r2090.14
15	CDS 位 0	在不同的操作接口设置（指令数据组）之间切换	p0810=r2090.15

表 3-17 中，控制字的第 0 位 STW1.0 与启停参数 p0840 关联，且为上升沿有效，这点要特别注意。常用的控制字如下。

16#047E：OFF1 停车/运行准备就绪（上电时首次发送）；

16#047C：OFF2 停车；

16#047A：OFF3 停车；

16#047F：正转；

16#0C7F：反转；

16#04FE：故障复位。

（2）状态字（ZSW）

状态字（ZSW）各位的含义如表 3-18 所示。

表 3-18 状态字各位的含义

状态字位	含义	说明	参数设置
0	接通就绪	1=接通就绪：电源已接通，电子部件已经初始化，脉冲禁止	p2080[0]=r899.0
1	运行就绪	1=运行准备：电机已经接通（ON/OFF1=1），当前没有故障，收到"运行使能"指令（STW1.3），变频器会接通电机	p2080[1]=r899.1
2	运行使能	1=运行已使能：电机跟踪设定值。见"控制字 1 位 3"	p2080[2]=r899.2
3	故障	1=出现故障：在变频器中存在故障。通过 STW1.7 应答故障	p2080[3]=r2139.3

续表

状态字位	含义	说明	参数设置
4	OFF2 激活	0=OFF2 激活：惯性停车功能激活	p2080[4]=r899.4
5	OFF3 激活	0=OFF3 激活：快速停止激活	p2080[5]=r899.5
6	禁止合闸	1=接通禁止有效：只有在给出 OFF1 指令并重新给出 ON 指令后，才能接通电机	p2080[6]=r899.6
7	报警	1=出现报警：电机保持接通状态，无须应答	p2080[7]=r2139.7
8	转速差在公差范围内	1=转速差在公差范围内："设定/实际值"差在公差范围内	p2080[8]=r2197.7
9	控制请求	1=已请求控制：请求自动化系统控制变频器	p2080[9]=r899.9
10	达到或超出比较速度	1=达到或超出比较转速：转速大于或等于最大转速	p2080[10]=r2199.1
11	I、P、M 比较	1=达到电流限值或转矩限值：达到或超出电流或转矩的比较值	p2080[11]=r0056.13/r1407.7
12	打开抱闸装置	1=抱闸打开：用于打开/闭合电机抱闸的信号	p2080[12]=r899.12
13	电机超温报警	0=报警"电机过热"	p2080[13]=r2135.14
14	电机正向旋转	1=电机正转：变频器内部实际值>0。0=电机反转：变频器内部实际值<0	p2080[14]=r2197.3
15	CDS	1=显示 CDS；0="变频器热过载"报警	p2080[15]=r836.0/r2135.15

（3）主设定值 NSOLL_A

主设定值用十进制有符号整数 16 384（或 16#4000H）表示，它对应于 100%的变频器转速。变频器能接收的最大速度为 32 767（200%），参数 p2000 中设置 100%对应的参考速度。

当变频器通信时，需要对转速设定值进行标准化。主设定值 M 与实际值 N 之间的关系为：N=p2000× M/16 384。例如参考速度 p2000=1 500r/min，如果想达到转速 N 为 750r/min，那么需要主设定值为 M=750× 16 384/1 500=8 192。

（4）实际转速 NIST_A

实际转速也是一个字，用十进制有符号整数 16 384 表示，需要经过标准化显示实际转速，方法同主设定值。

项目实施

任务　G120 变频器的 PROFINET 通信

一、任务导入

用 1 台 S7-1200 PLC 对 1 台 CU240E-2 PN-F 的变频器进行 PROFINET 通信。已知电机是星形接法，其额定功率为 0.18kW，额定转速为 2 720r/min，额定电压为 380V，额定电流为 0.53A，控制要求如下。

（1）S7-1200 PLC 通过 PROFINET 通信控制变频器的启停和调速；

（2）S7-1200 PLC 通过 PROFINET 通信的 PZD 过程通道读取变频器的状态及电机的实际转速。

请利用 S7-1200 PLC 和 G120 变频器构建 PROFINET 通信的硬件电路，进行参数设置并编写程序。

二、任务实施

【设备和工具】

控制单元 CU240E-2 PN-F 1 个、功率模块 PM240-2（400V，0.55kW）1 个、BOP-2 操作面板 1 个、西门子 CPU1215C DC/DC/DC 的 PLC 1 台、三相异步电机 1 台、安装有 TIA Portal V15 和 Startdrive V15 软件的计算机 1 台、网线 2 根、开关/按钮若干、《SINAMICS G120、G120P、G120C、G120D、G110M 现场总线功能手册》、通用电工工具 1 套。

1. 连接硬件电路

根据控制要求，PROFINET 通信控制系统的电路接线图如图 3-23（a）所示。PLC 输入端的按钮 SB1、SB2、SB3 和 SB4 分别控制变频器的启动、反转、停止和复位。G120 变频器的 PN 接口在 CU240E-2 PN-F 的底部，如图 3-23（b）所示，共有 8 个接线端子，其中 1 和 2 端子为接收数据端，3 和 6 端子为发送数据端，用普通网线将 PLC 本体的 PN 通信接口（RJ-45）和变频器的 PN 通信接口（RJ-45）连接在一起，正确连接后，G120 变频器上的 LNK1 绿灯点亮。

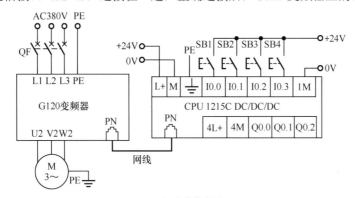

（a）电路接线图

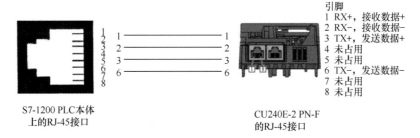

S7-1200 PLC本体
上的RJ-45接口

CU240E-2 PN-F
的RJ-45接口

引脚
1 RX+，接收数据+
2 RX−，接收数据−
3 TX+，发送数据+
4 未占用
5 未占用
6 TX−，发送数据−
7 未占用
8 未占用

（b）G120变频器的PROFINET通信接线

图 3-23　PLC 与变频器的接线图

2. 硬件组态

（1）添加 S7-1200 PLC 并组态设备名称和分配 IP 地址，如图 3-24 所示。

① 双击"添加新设备"选项，选择"CPU 1215C DC/DC/DC"，并将其添加到右侧设备视图的插槽 1 中；

② 双击 CPU 的"PROFINET 接口"；

③ 选择界面下方的"属性"→"常规"→"以太网地址"选项；

④ 在右侧"IP 地址"栏中输入 PLC 的 IP 地址为"192.168.0.1"；

G120 变频器
PROFINET 通信
的硬件组态
（视频）

⑤ 取消选中"自动生成 PRIFINET 设备名称"复选框；

⑥ 在"PROFINET 设备名称"文本框中输入"1200plc"。

图 3-24　组态 S7-1200 的设备名称和分配 IP 地址

（2）添加 G120 变频器并组态设备名称和分配 IP 地址。

添加 G120 变频器有两种方法：一种是在网络视图右侧的硬件目录中选择"其他现场设备"→"PROFINET IO"→"Drives"→"SIEMENS AG"→"SINAMICS"→"SINAMICS G120 CU240E-2 PN（-F）V4.7"，将该模块拖曳到网络视图空白处，如图 3-25（a）所示；另一种方法是通过在 TIA Portal V15 项目树下双击"添加新设备"选项来添加 G120 变频器，添加方法请参考项目 1.2 的任务 3。本项目采用后一种方法，如图 3-25（b）所示。

① 在"设备视图"中双击控制单元；

② 选择界面下方的"属性"→"常规"→"PROFINET 接口[X150]"→"以太网地址"选项；

③ 在右侧栏中输入期望的 IP 地址为"192.168.0.10"；

（a）方法一

图 3-25　组态 G120 变频器的设备名称和分配 IP 地址

(b) 方法二

图 3-25　组态 G120 变频器的设备名称和分配 IP 地址（续）

④ 取消选中"自动生成 PRIFINET 设备名称"复选框；

⑤ 在"PRIFINET 设备名称"文本框（用于 PN 通信）中输入"g120"。

📖 **注意**

S7-1200 PLC 与 G120 变频器的设备必须用英文+数字命名。

（3）构建 G120 变频器和 PLC 的 PN 网络。

在网络视图中，单击 g120 上的提示"未分配"，选择 IO 控制器"PLC_1.PROFINET 接口_1"，完成与 IO 控制器的 PROFINET 网络连接，如图 3-26 所示。

（4）组态 G120 变频器的报文即输入/输出地址。

① 在 G120 的设备视图界面，双击控制单元，弹出图 3-27（a）所示的窗口；

② 选择"属性"→"常规"→"报文配置"→"g120"→"发送（实际值）"选项，在该窗口显示通信数据的传送方向、已经组态的 PLC 和变频器的设备名称及 IP 地址等信息；

③ 选择 G120 变频器的通信报文为"标准报文 1"；

④ 将发送报文的起始地址设置为"I68"（在 PLC 编程中用 IW68 表示），长度为 2 个字；

⑤ 选择"接收（设定值）"选项，如图 3-27（b）所示，在该窗口显示通信数据的传送方向　1200plc→g120、已经组态的 PLC 和变频器的设备名称及 IP 地址等信息；

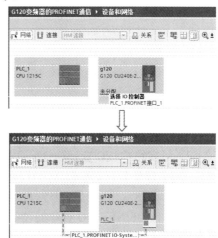

图 3-26　PLC 与 G120 变频器的
PROFINET 网络连接

⑥ 选择 G120 变频器的通信报文为"标准报文 1"；

⑦ 将接收报文的起始地址设置为"Q68"（在 PLC 编程中用 QW68 表示），长度为 2 个字。

（5）将已经组态好的 PLC 硬件配置进行编译后下载到实物 PLC 中。

129

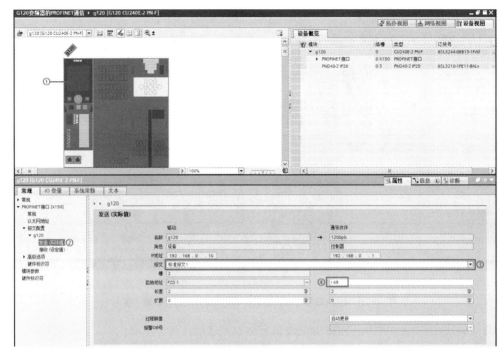

（a）发送

（b）接收

图 3-27　G120 变频器的报文配置

3. 给实物 G120 变频器分配设备名称及 IP 地址

在完成硬件配置下载后，S7-1200 PLC 与 G120 变频器还无法通信，G120 变频器上的 BF 红灯（总线故障指示灯）闪烁。因为 PROFINET 控制器依靠设备名（Device name）识别 PROFINET I/O 设备，PROFINET I/O 设备的设备名称和 IP 地址必须与硬件组态中的设备名称和 IP 地址一致才能建立通信，因此还要为实物变频器分配设备名称和 IP 地址，请参考项目 1.2 任务 3 中的图 1-30～图 1-33，正确分配设备名称和 IP 地址后 BF 灯熄灭，说明 S7-1200 PLC 和 G120 变频器已经建立了 PROFINET 通信。

4. 设置变频器通信参数

打开 Startdrive 软件，选择"所有参数"→"通信"→"配置"选项，设置 G120 变频器的通信参数，如图 3-28 所示。还需要设置参考速度 p2000=2 720r/min。

图 3-28　G120 变频器 PROFINET 通信参数

5. 程序设计

PLC I/O 地址与变频器过程值的对应关系如表 3-19 所示。PROFINET 通信控制程序如图 3-29 所示。

6. 运行操作

（1）变频器正转。首次启动变频器需将控制字 1（STW1）"16#047E"通过图 3-29 的程序段 1 写入 QW68 使变频器运行准备就绪，然后通过图 3-29 的程序段 3 将"16#047F"写入 QW68，使变频器正转。

G120 变频器
PROFINET 通信
程序调试（视频）

表 3-19　PLC I/O 地址与变频器过程值的对应关系

数据方向	PLC I/O 地址	变频器过程数据	数据类型
PLC→变频器	QW68	PZD01-控制字 1（STW1）	Word（字）
	QW70	PZD02-主设定值（NSOLL_A）	int（16 位整数）
变频器→PLC	IW68	PZD01-状态字 1（ZSW1）	Word（字）
	IW70	PZD02-实际转速（NIST_A）	int（16 位整数）

（2）变频器反转。通过图 3-29 的程序段 4 将"16#0C7F"写入 QW68 使变频器反转。

（3）变频器停止。通过图 3-29 的程序段 1 将"16#047E"写入 QW68 使变频器停止。

（4）调整电机转速。将速度给定值通过图 3-29 的程序段 5 的"MD100"经过标准化指令和缩放指令写入 QW70，例如在 MD100 中设定电机转速为 750r/min。

（5）图 3-29 的程序段 6 和 7 通过读取 IW68 和 IW70 可以分别监视变频器状态字和电机实际转速。

（6）变频器复位。如果变频器发生故障，可通过图 3-29 的程序段 2 将"16#04FE"写入 QW68 使变频器复位。

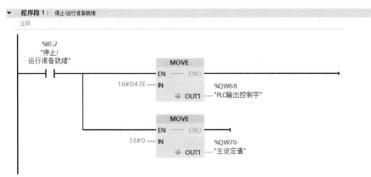

图 3-29　G120 变频器的 PROFINET 通信程序

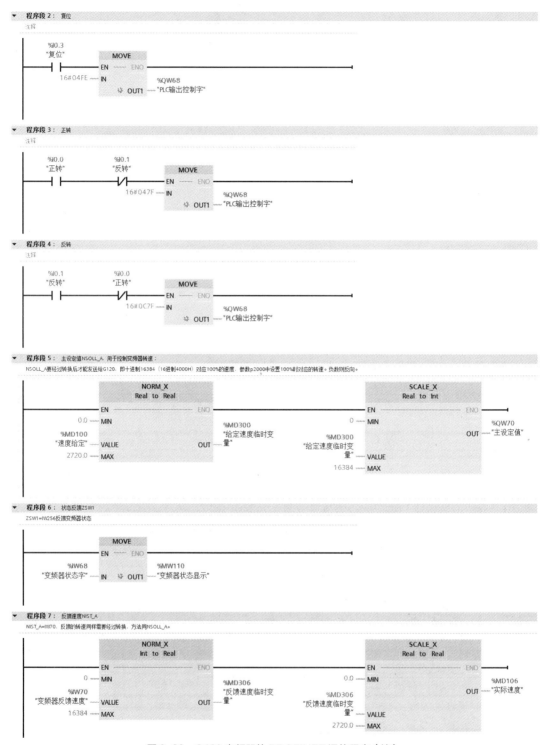

图 3-29　G120 变频器的 PROFINET 通信程序（续）

项目延伸　运料小车的 PROFINET 通信控制

运料小车由变频器控制的电机驱动，其速度可以在 0～1 500r/min 调节，SQ1～SQ5 用于小车的位置检测，如图 3-30 所示。控制要求：运料小车从原点 SQ1 出发，以 750r/min 的速度左行至左行限位 SQ2，停 10s，再以 1 200r/min 的速度向右运行，碰到变速位 SQ3 时，速度变为 350r/min，运料小车返回到原点 SQ1 停止运行；当运料小车碰到左限位 SQ5 和右限位 SQ4 时，报警灯闪烁并停机；将变频器的运行状态和实际速度采集到 PLC。请参考知识链接和项目实施过程，完成下面任务。

图 3-30　运料小车示意图

运料小车的
PROFINET 通信
控制（文档）

📖 **小提示**

此任务难度较大，如果独立完成确有困难，请扫码获取"运料小车的 PROFINET 通信控制"的参考样例。

1. 根据控制要求，运料小车控制的 I/O 分配如表 3-20 所示，将表 3-20 中的元件连接到图 3-31 所示的运料小车的控制电路中。

表 3-20　运料小车控制的 I/O 分配

输入			输出		
输入继电器	输入元件	作用	输出继电器	输出元件	作用
I0.1	SB1	启动	Q0.0	KM	变频器上电
I0.2	SB2	停止	Q0.1	HL	报警指示
I0.3	SQ1	原点			
I0.4	SQ2	左行限位			
I0.5	SQ3	变速位			
I0.6	SQ4	右限位			
I0.7	SQ5	左限位			

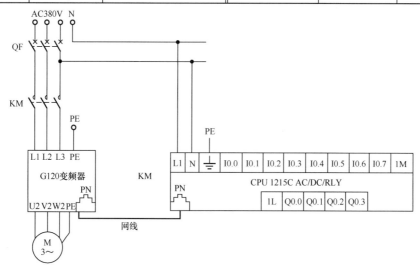

图 3-31　运料小车控制电路

133

2. 根据控制要求，将变频器的参数设定值填入表 3-21 中。

表 3-21　运料小车控制电路的参数设置

参数号	设定值	参数号	设定值
p0015		p1080	
P0922		p1082	
p2000			

3. 使用博途软件编写控制程序并进行调试。

📖 小提示

参考图 3-29 的程序段 5 和程序段 7，将速度给定和变频器反馈速度的规格化程序块当作一个 FC 块编程，可以简化程序。

课堂笔记

孟子曰："不以规矩，不能成方圆。"做人做事都要遵循一定的规则。PROFIdrive 协议是 PLC 与 G120 变频器通信时双方必须遵循的规则和约定，只有遵循了 PROFIdrive 报文的规则，两者才能协同工作实现信息交换和资源共享。请同学们借助教材的知识链接和项目实施，完成以下问题并记录在课堂笔记上。

1. 用思维导图总结本项目的知识点和技能点。

2. 运料小车的 PROFINET 通信控制实际上是一个多段速控制，运料小车的通信多段速控制方式与项目 3.1 任务 1 中的端子多段速控制方式有什么区别？你认为哪种控制方式更好？为什么？

项目评价

由小组中的项目负责人总结本小组的知识掌握情况和项目完成情况，并在课堂上进行汇报。

总结主要包括 3 个方面：用思维导图总结本项目的知识点和技能点；项目实施和项目延伸的成果展示；项目实施过程中遇到的问题及经验分享。

按照表 3-22，对本项目进行评价。评价成绩统一采用 A（优秀）、B（良好）、C（合格）、D（努力）4 档。该评价成绩作为本课程的过程考核成绩计入最终考核成绩。

表 3-22　G120 变频器的通信项目评价表

评价分类	评价内容	评价标准	自我评价	教师评价	总评
专业知识	引导问题	① 正确完成 100% 的引导问题，得 A； ② 正确完成 80% 及以上、100% 以下的，得 B； ③ 正确完成 60% 及以上、80% 以下的，得 C； ④ 其他得 D			
	课堂笔记	① 完成项目 3.3 的知识点和技能点的总结； ② 能总结变频器通信控制和端子控制的优缺点			
专业技能	任务	① 能构建 G120 变频器 PROFINET 通信系统并设置参数； ② 能编写 PROFINET 通信程序并进行调试			
	项目延伸	① 能构建运料小车 PROFINET 通信系统并设置参数； ② 能编写运料小车的通信程序； ③ 能处理调试过程中遇到的问题			
职业素养	6S 管理	① 工位整洁工器具摆放到位； ② 导线无浪费，废品清理分类符合要求； ③ 按照安全生产规程操作设备			
	展示汇报	① 能准确并流畅地描述出本项目的知识点和技能点； ② 能正确展示并介绍项目延伸实施成果； ③ 能大方得体地分享所遇到的问题及解决方法			
	沟通协作	① 善于沟通，积极参与； ② 分工明确，配合默契			
自我总结	优缺点分析				
	改进措施				

电子活页拓展知识　G120 变频器的 PROFIBUS 通信

SINAMICS G120 变频器的控制单元 CU230P-2 DP、CU240B-2 DP、CU240E-2 DP、CU240E-2 DP-F、CU250S-2 DP 支持 PROFIBUS 通信。当使用 S7-1200 PLC 与 G120 变频器进行 PROFIBUS 通信时，由于 S7-1200 PLC 本体没有 PROFIBUS 通信接口，因此 PLC 需要配置主站通信模块 CM1243-5，S7-1200 PLC 与 G120 变频器之间要用专用的 PROFIBUS DP 电缆和 PROFIBUS DP 连接器连接。G120 变频器的 PROFIBUS 通信和 PROFINET 通信一样，均遵循 PROFIdrive 协议，除了两者的通信接口类型和硬件组态不同之外，报文

G120 变频器的
PROFIBUS 通信
（文档）

135

类型、控制字和状态字都是相同的。PROFIBUS 通信的硬件组态、参数设置和编程请扫码学习"G120 变频器的 PROFIBUS 通信"。

自我测评

1. 填空题

（1）G120 变频器控制单元常见的通信接口有＿＿＿＿＿接口、＿＿＿＿＿接口和＿＿＿＿＿接口。

（2）PROFIdrive 是基于西门子＿＿＿＿＿和＿＿＿＿＿两种通信方式的应用于驱动与自动化控制的一种协议框架，也称为"行规"。

（3）PROFIdrive 主要由＿＿＿＿＿、＿＿＿＿＿和＿＿＿＿＿3 部分组成。

（4）G120 变频器的报文中，STW 是＿＿＿＿＿的缩写，ZSW 是＿＿＿＿＿的缩写。

（5）G120 变频器的报文有＿＿＿＿＿报文和＿＿＿＿＿报文。PZD-X/Y 表明＿＿＿＿＿。

2. 选择题

（1）标准报文 20，PZD-2/6，发送数据长度为（　　）字，接收数据长度为（　　）字。

    A．2、6　　　　　　B．6、2　　　　　　C．2、8　　　　　　D．6、8

（2）G120 变频器的给定速度为 1 500r/min，参考速度 $p2000=3\ 000$r/min，则其对应的主设定值为（　　）。

    A．1 500　　　　　B．3 000　　　　　C．8 192　　　　　D．16 384

（3）PROFINET 通信中，变频器的主设定值用（　　）表示，它对应于 100%的变频器转速。

    A．十进制的有符号整数 16 384　　　　B．十六进制的无符号整数 16 384

    C．十进制的有符号整数 32 767　　　　D．十进制的有符号整数 27 684

（4）支持 PROFINET 通信的控制单元是（　　）。

    A．CU240E-2 DP　　　　　　　　　B．CU250S-2 DP

    C．CU240E-2 PN　　　　　　　　　D．CU250S-2 CAN

3. 分析题

用 PLC 与 G120 变频器通过 PROFINET 通信控制刨床调速。其控制要求为，当刨床在原点位置（原点为左限与上限位置，车刀在原点位置时，原点指示灯亮）时，按下启动按钮，刨床工作台按照图 3-32 所示的速度曲线运行。试画出 PLC 与变频器的接线图，设置变频器的参数并编写 PLC 程序。

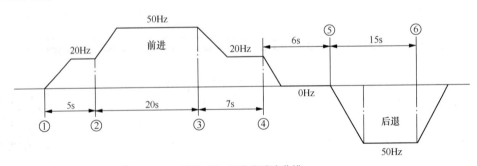

图 3-32　工作台速度曲线

模块4 运动控制系统的应用

导言

运动控制起源于早期的伺服控制，简单地说，运动控制就是对机械运动部件的位置、速度等进行实时的控制，使其按照预期的运动轨迹和规定的运动参数进行运动。运动控制系统包括运动控制器（Motion Controller）、驱动器（Driver）和电机（Motor）。它可以是没有反馈信号的开环控制，也可以是带有反馈信号的闭环控制。闭环控制又可分为全闭环控制和半闭环控制。运动控制被广泛应用在包装、印刷、纺织和装配工业中。本模块主要介绍由 S7-1200 PLC 作为运动控制器的步进开环控制系统和伺服闭环控制系统的组成、硬件电路、参数设置、程序设计和安装调试。

对接《运动控制系统开发与应用职业技能等级标准》中的"步进电机及驱动器"（初级 1.2）、"伺服电机及驱动器"（初级 1.3）、"运动状态检测"（中级 3.1）、"运动模式开发"（中级 3.2）和《可编程控制系统集成及应用职业技能等级标准》中的"驱动器控制"（中级 2.3）、"驱动控制程序调试"（中级 3.2）、"工艺参数设置"（高级 3.2）工作岗位的职业技能要求，将本模块的学习任务分解为 3 个项目，如表 4-1 所示。本模块采用项目引导、任务驱动和行动导向驱动的方式安排学习内容，学生可在引导问题的帮助下，借助知识链接和配套视频学习运动控制系统的构建、编程和安装调试；在教师的指导下，分小组完成项目实施中的相关任务；最后和小组成员协作完成项目延伸任务。在完成任务期间，尝试解决任务实施过程中出现的问题，注意操作规范和安全要求。

表 4-1 学习任务、学习目标和学时建议

	项目名称	学时
学习任务	项目 4.1 步进控制系统的应用	8
	项目 4.2 V90 PTI 伺服控制系统的应用	10
	项目 4.3 V90 PN 伺服控制系统的应用	6
知识目标	• 了解步进电机和伺服电机的结构及工作原理 • 掌握步进驱动器和伺服驱动器的端子功能、参数设置和接线 • 了解 V90 PN 伺服驱动器支持的报文类型 • 掌握 S7-1200 PLC 的运动轴组态、运动控制指令 • 知道运动控制系统的组成，掌握运动控制系统的硬件电路和软件编程	
技能目标	• 能根据控制要求，独立配置运动控制系统并进行硬件电路的安装和调试 • 能用 S7-1200 PLC 进行工艺对象组态，通过 PLC Open 标准程序块编写运动控制程序并进行调试 • 学会使用标准报文和工艺对象对 V90 PN 伺服驱动器进行位置控制 • 学会使用西门子报文和 FB284 对 V90 PN 伺服驱动器进行 EPOS 控制	
素质目标	• 通过观看纪录片《大国重器》之《动力澎湃》，厚植爱国情怀，增强民族自豪感 • 养成规则意识和标准意识 • 培养开拓创新的科学精神 • 养成 6S 管理的职业素养	

项目4.1
步进控制系统的应用

04

引导问题

1. 步进电机是将_____信号转变为_____或_____的开环控制元件。
2. 步进驱动器有 3 种输入信号，分别是_____信号、_____信号和_____信号。
3. S7-1200 运动控制方式分为_____控制方式、_____控制方式和_____控制方式 3 种。

知识链接

4.1.1　步进电机

步进电机是将电脉冲信号转变为角位移或线位移的控制元件。它与配套驱动器共同组成低成本的开环控制系统，从而实现精确的位置和速度控制。由于步进电机的转动是每输入一个脉冲，则转过一定角度，因此可以通过控制脉冲个数来控制步进电机的角位移量，从而达到准确定位的目的；同时可以通过控制脉冲频率来控制电机转动的速度和加速度，从而达到调速的目的。

1. 步进电机的工作原理

下面以一台最简单的三相反应式步进电机为例，介绍步进电机的工作原理。

图 4-1 是一台三相反应式步进电机的原理图。定子铁心为凸极式，共有 3

步进电机（视频）

对（6 个）磁极，每两个空间相对的磁极上绕有一相控制绕组。转子用软磁性材料制成，也是凸极结构，只有 4 个齿，齿宽等于定子的极宽。

当 A 相定子绕组通电，其余两相均不通电时，电机内建立了以定子 A 相极为轴线的磁场。磁通具有力图走磁阻最小路径的特点，使转子齿 1、3 的轴线与定子 A 相极轴线对齐，如图 4-1（a）所示。当 A、C 相定子绕组断电、B 相定子绕组通电时，转子在反应转矩的作用下，逆时针转过 30°，使转子齿 2、4 的轴线与定子 B 相极轴线对齐，即转子走了一步，如图 4-1（b）所示。若断开 B 相，使 C 相定子绕组通电，则转子又逆时针方向转过 30°，使转子齿 1、3 的轴线与定子 C 相极轴线对齐，如图 4-1（c）所示。如此按 A→B→C→A 的顺序轮流通电，转子就会一步一步地按逆时针方向转动。

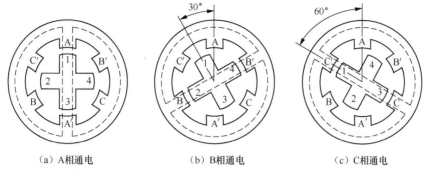

（a）A相通电　　　　　　　（b）B相通电　　　　　　　（c）C相通电

图 4-1　三相反应式步进电机的原理图

步进电机的转速取决于各相定子绕组通电与断电的频率，旋转方向取决于定子绕组轮流通电的顺序。若按 A→C→B→A 的顺序通电，则电机按顺时针方向转动。

（1）三相单三拍工作方式。"三相"是指定子绕组有 3 组；"单"是指每次只能一相绕组通电；"三拍"是指通电 3 次完成一个通电循环。把每一拍转子转过的角度称为步距角。三相单三拍运行时，步距角为 30°。

正转：A→B→C→A；

反转：A→C→B→A。

（2）三相单、双六拍工作方式。即一相通电接着二相通电间隔地轮流进行通电，完成一个循环需要 6 次改变通电状态，其步距角为 15°。

正转：A→AB→B→BC→C→CA→A；

反转：A→AC→C→CB→B→BA→A。

（3）三相双三拍工作方式。"双"是指每次有两相绕组通电，每通入一个电脉冲，转子也是转 30°，即步距角为 30°。

正转：AB→BC→CA→AB；

反转：AC→CB→BA→AC。

步进电机每接收一个步进脉冲信号，电机就旋转一定的角度，该角度称为步距角。步距角满足如下公式。

$$\theta = 360°/ZKm \tag{4-1}$$

式中，Z 为转子齿数；K 为通电系数，当前后通电相数一致时，$K=1$，否则，$K=2$；m 为相数。

2. 步进电机的结构

步进电机的外形及结构如图 4-2 所示，步进电机由定子（绕组、定子铁心）、转子（转子铁心、永磁体、转轴、滚珠轴承）、前后端盖等组成。

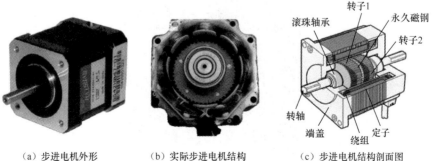

（a）步进电机外形　　　（b）实际步进电机结构　　　（c）步进电机结构剖面图

图 4-2　步进电机的外形及结构示意图

步进电机的定子和转子均由磁性材料叠成凸极结构，为了减小步距角，实际的步进电机通常在定子凸极和转子上开很多小齿，如图 4-2（b）和图 4-2（c）所示，这样就可以大大减小步距角，提高步进电机的控制精度。

3．步进电机的分类

按励磁方式的不同，步进电机可分为反应式（Variable Reluctance，VR）、永磁式（Permanent Magnet，PM）和混合式（Hybrid Stepping，HS）3 类。

按定子上绕组来分，步进电机分为两相、三相和五相等系列。最受欢迎的是两相混合式步进电机，约占 97%以上的市场份额，其原因是性价比高，配上细分驱动器后效果良好。该种电机的基本步距角为 1.8°，配上半步驱动器后，步距角减少为 0.9°，配上细分驱动器后其步距角可细分至原来的 1/256。同一步进电机可配不同细分的驱动器以改变精度和效果。

4.1.2 步进驱动器

步进电机控制系统由控制器、步进驱动器、步进电机和机械装置构成，如图 4-3 所示。控制器可以是内置运动卡的计算机、单片机和 PLC。步进电机的运行要由一个电子装置来驱动，这种装置就是步进电机驱动器，它是把控制系统发出的脉冲信号加以放大来驱动步进电机的。步进电机的转速与脉冲信号的频率成正比，控制步进电机脉冲信号的频率，可以对电机精确调速；控制步进脉冲的个数，可以对电机精确定位。

步进驱动器
（视频）

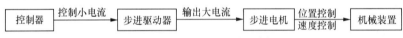

图 4-3　步进电机控制系统组成框图

1．步进驱动器的外部端子

步进驱动器有 3 种输入信号，分别是脉冲信号（PUL）、方向信号（DIR）和使能信号（ENA）。因为步进电机在停止时，通常有一相得电，电机的转子被锁住，所以当需要转子松开时，可以使用使能信号。

3ND583 是雷赛公司最新推出的一款高细分三相步进驱动器，适合驱动 57～86 机座号的各种品牌的三相步进电机。3ND583 步进驱动器的外形如图 4-4 所示。步进驱动器的外部接线端如图 4-5 所示。外部接线端的功能说明如表 4-2 所示。

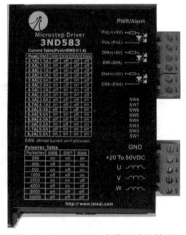

图 4-4　3ND583 步进驱动器外形

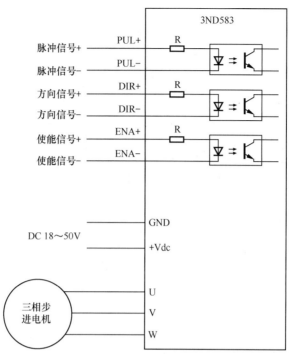

图 4-5　步进驱动器外部接线端

表 4-2　步进驱动器外部接线端功能说明

接线端	功能说明
PUL+（+5V）	脉冲控制信号输入端：脉冲上升沿有效；采用+12V 或+24V 时，需串电阻
PUL –	
DIR+（+5V）	方向信号输入端：高/低电平信号。电机的初始运行方向与电机的接线有关，互换三相绕组 U、V、W 的任何两根线可以改变电机初始运行的方向
DIR –	
ENA+（+5V）	使能信号输入端：此输入信号用于使能或禁止。ENA+接+5V，ENA−接低电平（或内部光耦导通）时，驱动器将切断电机各相的电流使电机处于自由状态，此时步进脉冲不被响应。当不需用此功能时，使能信号端悬空即可
ENA –	
U、V、W	三相步进电机的接线端
+Vdc	驱动器直流电源输入端正极，+18～+50V 间任何值均可，但推荐值为+36V DC 左右
GND	驱动器直流电源输入端负极

2. 步进驱动器的接口电路

3ND583 步进驱动器采用差分式接口电路，可适用差分信号、单端共阴极及共阳极等接口，允许接收差分信号、NPN 输出电路信号和 PNP 输出电路信号。三菱 FX$_{3U}$-32MT 晶体管 NPN 输出型 PLC 与步进驱动器的接线图（共阳极）如图 4-6（a）所示。西门子 S7-1200 晶体管 PNP 输出型 PLC 与步进驱动器的接线图（共阴极）如图 4-6（b）所示。

📖 小提示

（1）在图 4-6 中，如果 VCC 是 5V，则不串电阻；VCC 是 12V 时，串联电阻 R 的阻值为 1kΩ，大于 1/8W 电阻；VCC 是 24V 时，电阻 R 的阻值为 2kΩ，大于 1/8W 电阻。电阻 R 必须接在控制器信号端。

（2）步进驱动器的 PUL 端子需要接收脉冲信号，因此，必须采用晶体管输出型的 PLC。

141

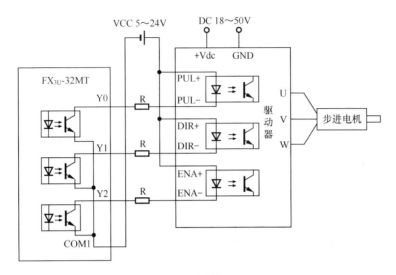

（a）共阳极接线

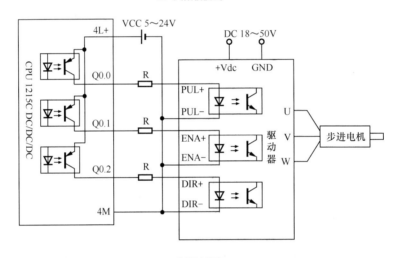

（b）共阴极接线

图 4-6　步进驱动器的接口电路

3．步进驱动器的细分设置

细分是步进驱动器的一个重要性能。步进驱动器都存在一定程度的低频振荡特点，而细分能有效改善甚至消除这种低频振荡现象。细分同时提高了电机的运行分辨率，在定位控制中，细分数适当，实际上也可提高定位的精度。

3ND583 步进驱动器的侧面连接端子中间有 8 个 SW 拨码开关，用来设置工作电流（动态电流）、静态电流和细分精度。图 4-7 所示为拨码开关。其中 SW1～SW4 用于设置步进驱动器的输出电流（根据步进电机的工作电流，调节驱动器的输出电流，电流越大，力矩越大）；SW6～SW8用于设置细分精度，如表 4-3 所示，"1"表示 ON，"0"表示 OFF；SW5 用于选择半流/全流工作模式，OFF 表示静态电流设为动态电流的一半，ON 表示静态电流与动态电流相同。如果电机停止时不需要很大的保持力矩，建议把 SW5 设成 OFF，以减少电机和驱动器的发热，提高其可靠性。

输出电流设定
细分精度设定
SW1
SW2
SW3
SW4
SW5
SW6
SW7
SW8
半流/全流模式设定
SW8
SW7
SW6
SW5
SW4
SW3
SW2
SW1
OFF
ON

图 4-7　拨码开关

表 4-3　细分设置表

步/转	SW6	SW7	SW8
200	1	1	1
400	0	1	1
500	1	0	1
1 000	0	0	1
2 000	1	1	0
4 000	0	1	0
5 000	1	0	0
10 000	0	0	0

4.1.3　S7-1200 PLC 的运动控制方式

S7-1200 PLC 运动控制根据连接驱动方式的不同，分成 PROFIdrive 通信控制方式、PTO（脉冲输出）控制方式和模拟量控制方式 3 种，如图 4-8 所示。

CP1243-5
S7-1200 PLC
SM1232
PROFI BUS
PROFI NET
PTO
模拟量

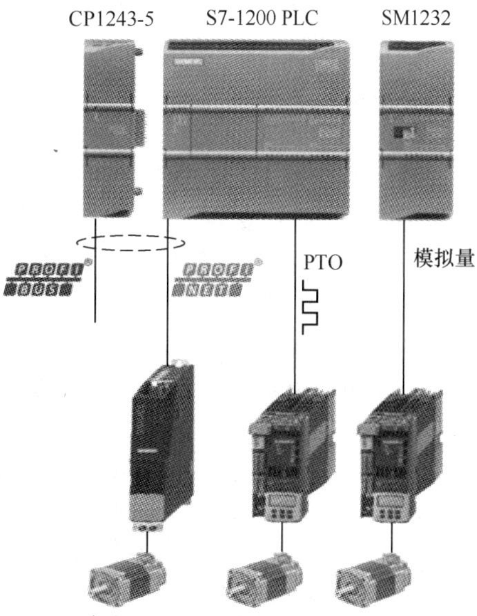

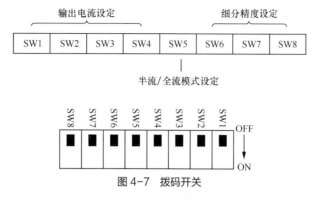

图 4-8　S7-1200 PLC 运动控制方式

1. PROFIdrive 通信控制方式

S7-1200 PLC 通过基于 PROFIBUS/PROFINET 的 PROFIdrive 方式与支持 PROFIdrive 的驱动器连接，进行运动控制。这种控制方式可以实现闭环控制。

注意

固件 V4.1 开始的 S7-1200 CPU 才具有 PROFIdrive 的控制方式。

2. PTO 控制方式

PTO 控制方式是所有版本的晶体管输出型 S7-1200 PLC 都具有的一种控制方式，也是步进电机或伺服电机实现位置控制时常用的控制方式。该控制方式由 CPU 向驱动器发送高速脉冲信号来实现对步进电机或伺服电机的控制，可以是脉冲+方向，A/B 正交，也可以是正/反脉冲的方式。这种控制方式是开环控制。

晶体管输出型的 S7-1200 PLC 可通过板载 I/O 接口最多提供 4 路高速脉冲输出信号（V3.0），频率范围为 2Hz≤f≤100kHz，输出点为源型（PNP）输出。继电器输出型的 S7-1200 PLC 可以通过信号板 SB 的 I/O 接口实现高速脉冲输出（V3.0），频率范围为 $2Hz \leqslant f \leqslant 200kHz$，输出点分为源型（PNP）和漏型（NPN）。

📖 **小提示**

S7-1200 PLC 最多通过高速脉冲输出控制 4 台驱动器，不能进行扩展。

3. 模拟量控制方式

CPU 固件版本为 V4.1 的 PLC 可以通过模拟量输出方式对伺服电机的速度和转矩进行控制。它是闭环控制方式。这种控制方式需要 CPU 本体集成有模拟量输出点（AO）。如果 CPU 本体没有集成 AO，则需要扩展模拟量模块。

📖 **小提示**

模拟量控制方式只能控制伺服电机，不能控制步进电机。

S7-1200 PLC 的运动控制功能支持电机回零、绝对位置和相对位置控制。TIA Portal 结合 S7-1200 PLC 通过工艺对象组态、调试、诊断运动轴。

项目实施

任务 1 组态轴工艺对象

一、任务导入

轴工艺对象的配置是硬件配置的一部分，"定位轴"（TO_PositioningAxis）用于映射控制器中的物理驱动装置。轴工艺对象是用户程序与驱动的接口，每一个轴都需要添加一个"工艺对象"，在 S7-1200 PLC 运动控制系统中，必须对工艺对象进行配置才能够应用自动生成的运动控制指令，实现绝对位置控制、相对位置控制和回原点控制等。本任务通过 TIA Portal 中的工艺轴组态向导完成运动轴的组态。

二、任务实施

【设备和工具】

西门子 CPU 1215C DC/DC/DC 的 PLC 1 台、3ND583 步进驱动器 1 个、三相步进电机 1 台、安装有 TIA Portal V15 软件的计算机 1 台、网线 1 根、行程开关或光电开关若干、《S7-1200 可编程控制器系统手册》、通用电工工具 1 套。

组态轴工艺对象（视频）

1. 连接硬件电路

硬件电路如图 4-9 所示，其中 I0.5、I0.6 和 I0.7 分别是组态轴的原点开关、上限开关和下限开关，Q0.0 是脉冲输出，Q0.1 是方向。

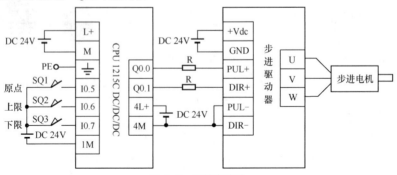

图 4-9 硬件电路图

2. 硬件组态

在 TIA Portal V15 软件中创建"步进电机控制"项目,添加"CPU 1215C DC/DC/DC",在"设备视图"中配置 PTO,如图 4-10 所示。

① 在图 4-10 (a) 所示的设备视图中双击"PLC_1[CPU 1215C DC/DC/DC]"。

② 在下侧界面中选择 CPU"属性"→"常规"选项。

③ 选择"脉冲发生器"选项下的"PTO1/PWM1"。

④ 选中"启用该脉冲发生器"复选框,可以不做任何修改采用软件默认名称"Pulse_1",也可以对该脉冲发生器添加注释。

⑤ 选择图 4-10 (b) 中"参数分配"中的"信号类型"为"PTO",这里选择"脉冲 A 和方向 B"方式。

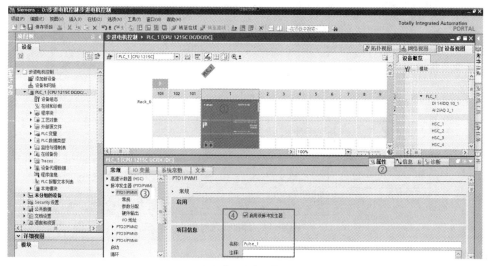

(a) 启用脉冲发生器

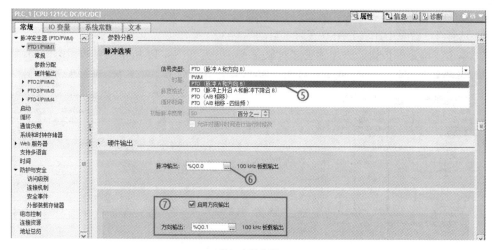

(b) 参数分配

图 4-10 设置脉冲发生器

⑥ 脉冲输出:选择"%Q0.0"为"脉冲输出"点。

⑦ 方向输出:选中"启用方向输出"复选框并选择"%Q0.1"为"方向输出"点。

3. 组态轴工艺对象

组态轴工艺对象分为基本参数组态和扩展参数组态。基本参数组态是必不可少的，而扩展参数组态却不一定是必需的。

（1）添加轴工艺对象

无论是开环控制还是闭环控制方式，每一个轴都需要添加一个轴工艺对象。

① 双击"工艺对象"下的"新增对象"选项，弹出"新增对象"对话框，如图4-11所示。

图 4-11 添加工艺对象

② 单击"运动控制"图标。

③ 添加工艺对象"TO_PositioningAxis"。

④ 系统自动生成轴名称为"轴_1"（可修改）。

⑤ 选择 TO 背景 DB 块分配方式为"自动"。

⑥ 单击"确定"按钮，添加轴工艺对象完成，并打开图4-12所示的参数组态画面。

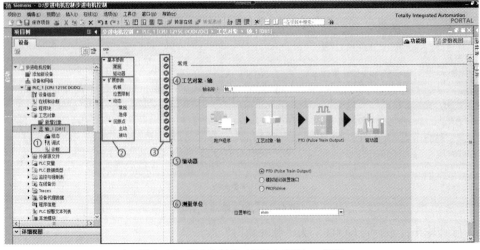

图 4-12 组态轴工艺对象基本参数——常规

（2）组态轴工艺对象基本参数——常规

在"常规"组态窗口可以对工艺对象——轴、驱动器、测量单位进行配置，如图 4-12 所示。

① 每个轴添加了工艺对象之后，都会有 3 个选项：组态、调试和诊断。

②"组态"用来设置轴的参数，包括"基本参数"和"扩展参数"。

③ 每个参数页面都有状态标记，用于提示用户轴参数设置状态。

蓝色 ✅：参数配置正确，为系统默认配置，用户没有做修改；

绿色 ✅：参数配置正确，不是系统默认配置，用户做过修改；

红色 ❌：参数配置没有完成或是有错误；

黄色 ⚠：参数组态正确，但是有报警，比如只组态了一侧的限位开关。

④ 轴名称：定义该工艺轴的名称，用户可以采用系统默认值，也可以自行定义。

⑤ 驱动器：有 PTO、模拟驱动装置接口和 PROFIdrive 3 个选项，本任务选择通过 PTO 的方式控制驱动器。

⑥ 测量单位：TIA Portal 软件提供了轴的几种测量单位，包括脉冲、位置和角度单位。这里选择距离单位"mm"。

如果是线性工作台，一般都选择线性距离单位如 mm（毫米）、m（米）、in（英寸）和 ft（英尺）；旋转工作台可以选择角度单位如"°"（度）。不管是什么情况，用户也可以直接选择脉冲为单位。

📖 小提示

测量单位是很重要的参数，后面轴的参数和指令中的参数都是基于该单位进行设定的。

（3）组态轴工艺对象基本参数——驱动器

在驱动器组态窗口可以对驱动器硬件接口、驱动装置使能信号的输出以及驱动器准备就绪反馈信号的输入进行配置，如图 4-13 所示。

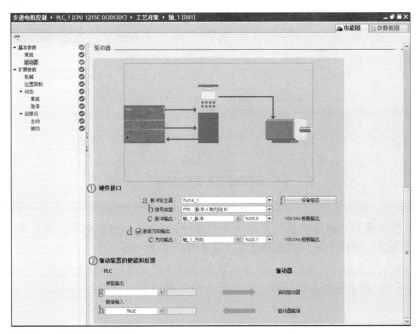

图 4-13　组态轴工艺对象基本参数——驱动器

① 硬件接口。

a. 脉冲发生器：选择在图 4-10 中已配置的脉冲发生器"Pulse_1"。

b. 信号类型：本任务选择"PTO（脉冲 A 和方向 B）"。

c. 脉冲输出：如果在硬件组态中配置了脉冲发生器，这里显示的就是已经组态的 Q0.0。

d. 激活方向输出：是否使能方向控制位。如果在 b 步，选择了"PTO（脉冲上升沿 A 和脉冲下降沿 B）"或是"PTO（A/B 相移）"或是"PTO（A/B 相移-四倍频）"，则该复选框是灰色的，用户不能进行修改。

e. 方向输出：如果在硬件组态中配置了脉冲发生器，这里显示的就是已经组态的 Q0.1。

f. 设备组态：单击该按钮可以跳转到图 4-10 的"设备视图"，方便用户回到 CPU 设备属性界面修改组态。

② 驱动装置的使能和反馈。

g. 使能输出：步进驱动器或伺服驱动器一般都需要一个使能信号，该使能信号由运动控制指令"MC_Power"控制，其作用是让驱动器处于启动状态。在这里用户可以组态一个 DO 点作为驱动器的使能信号，通知驱动器 PLC 已经准备就绪。当然也可以不配置使能信号，由其他方式使能，本任务为空。

h. 就绪输入：是指驱动器准备就绪后发出一个信号到 PLC 的输入端，通知 PLC 驱动器已经准备就绪。这时，在 h 的空白处可以选择一个 DI 点作为输入 PLC 的信号。如果驱动器不包含此类型的任何接口，则无须组态这些参数，本任务选择值"TRUE"。

（4）组态轴工艺对象扩展参数——机械

扩展参数——机械主要设置轴的脉冲数与轴移动距离的参数对应关系，如图 4-14 所示。

① 电机每转的脉冲数：表示电机旋转一周需要的脉冲数。为方便计算，此值应与步进驱动器设置的每转的细分值相等，本任务设置为"1000"。

② 电机每转的负载位移：表示电机每旋转一周，机械装置移动的距离。本任务步进电机与丝杠直接连接，则此参数就是丝杠的螺距，本任务为"5.0mm"。

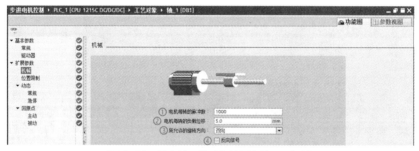

图 4-14 组态轴工艺对象扩展参数——机械

📖 小提示

如果用户在前面的"测量单位"中选择了"脉冲"，则②处的参数单位就变成了"脉冲"，表示的是电机每转的脉冲个数，在这种情况下①和②的参数一样。

③ 所允许的旋转方向：有双向、正方向和负方向 3 种设置。本任务选择"双向"。

④ 反向信号：如果使能反向信号，效果是当 PLC 端进行正向控制电机时，电机实际是反向旋转。

（5）组态轴工艺对象扩展参数——位置限制

位置限制参数是用来设置软/硬限位开关的，不管轴在运动时碰到软限位或是硬限位，轴都将停止运行并报错。

硬限位开关和软限位开关用于限制定位轴工艺对象的"最大行进范围"和"工作范围"。这两者的相互关系如图 4-15 所示。硬限位开关是限制轴的"最大行进范围"的限位开关。软限位开关用于限制轴的"工作范围",它们应位于限制行进范围的相关硬限位开关的内侧。

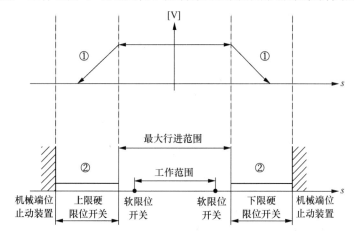

图 4-15　位置限制开关安装示意图

注: ①表示轴以组态的急停减速度制动直到停止; ②表示硬限位开关产生"已逼近"状态信号的范围。

📖 **小提示**

只有在轴回原点后,软限位开关才生效。

位置限制的组态如图 4-16 所示。

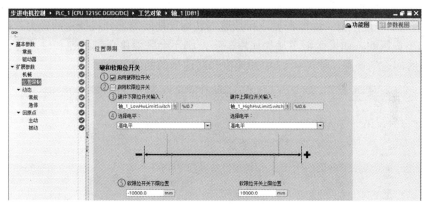

图 4-16　组态轴工艺对象扩展参数——位置限制

① 启用硬限位开关:激活硬件限位功能。在激活硬件限位功能后,如果轴的实际运行位置达到了硬件限位并触发硬限位信号,则轴会停止运行并产生故障。本任务中激活了硬件上/下限位开关的功能,故选中该复选框。

② 启用软限位开关:激活软件限位功能。在激活软件限位功能后,如果轴的实际运行位置达到了软限位的设定值,轴会停止运行并产生报警。启用的软限位开关仅影响已回到原点的轴。本任务不激活。

③ 硬件上/下限位开关输入:设置硬件上/下限位开关输入点。本任务中步进电机正转时工作台向左运动,将 I0.6 定义为丝杠上限位(即左限位)开关, I0.7 定义为丝杠下限位(即右限位)开关。

④ 选择电平:设置硬件上/下限位开关输入点的有效电平。由于本任务的硬件上/下限位开关在原理图中接入的是常开触点,因此当限位开关起作用时为"高电平"。本任务选择"高电平"有效。

⑤ 软限位开关上/下限位置:设置软件位置点,用距离、脉冲或是角度表示。本任务没有启

用软限位开关。

📖 **小提示**

用户需要根据实际情况来设置该参数，不要盲目使能软件和硬限位开关。这部分参数不是必须使能的。

（6）组态轴工艺对象扩展参数——动态

动态参数包括"常规"和"急停"两部分。

1）组态"常规"参数

动态常规参数可对最大转速、启动/停止速度、加速度、减速度及冲击限制进行组态，如图4-17所示。

① 速度限制的单位：设置参数②"最大转速"和③"启动/停止速度"的显示单位。本任务选择"mm/s"。

② 最大转速：用来设定电机的最大转速。本任务最大转速设置为"125.0mm/s"。

③ 启动/停止速度：设置轴的最小允许速度。本任务启动/停止速度设置为"5.0mm/s"。

④ 加速度：根据电机和实际控制要求设置加速度。

⑤ 减速度：根据电机和实际控制要求设置减速度。

⑥ 加速时间：如果用户先设定了加速度，则加速时间由软件自动计算生成。用户也可以先设定加速时间，这样加速度由系统自己计算。

⑦ 减速时间：如果用户先设定了减速度，则减速时间由软件自动计算生成。用户也可以先设定减速时间，这样减速度由系统自己计算。

⑧ 激活加加速度限值：降低在加速和减速斜坡运行期间施加到机械上的应力，以防止产生丢步越步的不良影响。如果激活了加加速度限值，则不会突然停止轴加速和轴减速，而是根据设置的滤波时间逐渐调整，如图4-17中加速度和减速度的曲线。

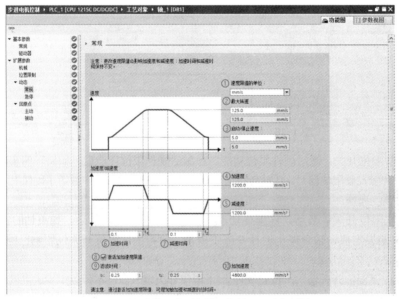

图4-17　组态轴工艺对象扩展参数——动态-常规

⑨ 滤波时间：如果用户先设定了加加速度，则滤波时间由软件自动计算生成。用户也可以先设定滤波时间，这样加加速度由系统自己计算。

⑩ 加加速度：激活了加加速度限值后，轴加减速曲线衔接处变平滑。

2）组态"急停"参数

如图 4-18 所示，在该窗口下可配置轴的急停减速度，使用急停减速度这个参数有两种情况：一种是轴出现错误时，采用急停速度停止轴；另一种是使用 MC_Power 指令禁用轴时（StopMode=0 或是 StopMode=2）。

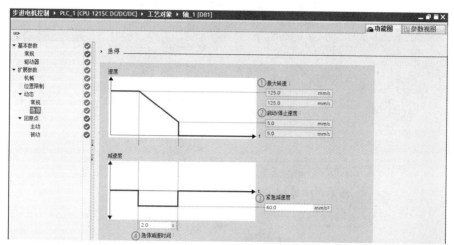

图 4-18　组态轴工艺对象扩展参数——动态–急停

① 最大转速：与"常规"中的"最大转速"一致。

② 启动/停止速度：与"常规"中的"启动/停止速度"一致。

③ 紧急减速度：设置急停减速度。

④ 急停减速时间：如果用户先设定了紧急减速度，则急停减速时间由软件自动计算生成。用户也可以先设定急停减速时间，这样紧急减速度由系统自己计算。

（7）组态轴工艺对象扩展参数——回原点

通过回原点，可使工艺对象的位置与驱动器的实际物理位置相匹配。为显示工艺对象的正确位置或进行绝对定位时，都需要回原点操作。回原点参数分成"主动"和"被动"两部分。

1）组态"主动"参数

"主动"（见图 4-19）就是传统意义上的回原点或是寻找参考点。运动控制指令"MC_Home"的输入参数"mode"=3 时，会启动主动回原点操作，此时轴就会按照组态的速度去寻找原点开关信号，并完成回原点命令。

① 输入原点开关：设置原点开关的 DI 输入点，本任务设置为"%I0.5"。

② 选择电平：选择原点开关的有效电平。本任务原点开关接的是常开触点，故选择"高电平"。

③ 允许硬限位开关处自动反转：如果轴在回原点的一个方向上没有碰到原点，则需要使能该选项，这样轴可以自动掉头，向反方向寻找原点。如果未使能自动反转选项且轴在主动回原点的过程中到达硬限位开关处，则轴会因错误而终止回原点过程并以急停减速度对轴进行制动。本任务选中该复选框。

④ 逼近/回原点方向：设置寻找原点的起始方向。本任务选择"正方向"。

如果知道轴和参考点的相对位置，可以合理设置"逼近/回原点方向"来缩短回原点的路径。例如，以图 4-20 中的负方向为例，触发回原点命令后，轴需要先运行到左边的限位开关，掉头后继续向正方向寻找原点开关。

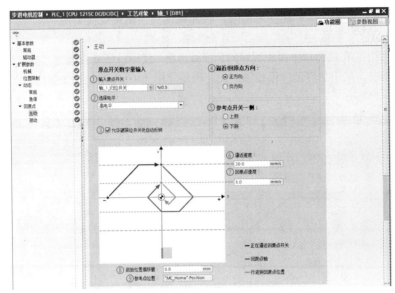

图 4-19　组态轴工艺对象扩展参数——回原点-主动

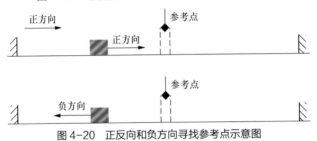

图 4-20　正反向和负方向寻找参考点示意图

⑤　参考点开关一侧：如图 4-21 所示，"上侧"指的是：轴完成回原点指令后，以轴的左边沿停在参考点开关右侧边沿。"下侧"指的是：轴完成回原点指令后，以轴的右边沿停在参考点开关左侧边沿。

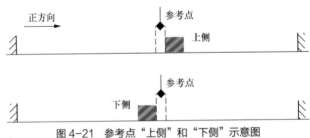

图 4-21　参考点"上侧"和"下侧"示意图

无论用户设置寻找原点的起始方向为正方向还是负方向，轴最终停止的位置取决于上侧或下侧。

⑥　逼近速度：寻找原点开关的起始速度，当程序中触发了 MC_Home 指令后，轴立即以"逼近速度"运行来寻找原点开关，这里设置为"20.0mm/s"。

⑦　回原点速度：最终接近原点开关的速度，当轴第一次碰到原点开关有效边沿后运行的速度，也就是触发了 MC_Home 指令后，轴立即以"逼近速度"运行来寻找原点开关，当轴碰到原点开关的有效边沿后轴从"逼近速度"切换到"回原点速度"来最终完成原点定位。"回原点速度"要小于"逼近速度"，"回原点速度"和"逼近速度"都不宜设置得过快。在可接受的范围内，应设置较慢的速度值。这里设置为"5.00mm/s"。

⑧ 起始位置偏移量：该值不为零时，轴会在距离原点开关一段距离（该距离值就是偏移量）停下来，把该位置标记为原点位置值；该值为零时，轴会停在原点开关边沿处。

⑨ 参考点位置：该值就是⑧中的原点位置值。

2）组态"被动"参数

被动回原点功能的实现需要 MC_Home 指令与其他指令（如 MC_MoveRelative 指令，或 MC_MoveAbsolute 指令，或 MC_MoveVelocity 指令，或 MC_MoveJog 指令）联合使用来执行到达原点开关所需要的运动。回原点指令 MC_Home 的输入参数"Mode"=2 时，会启动被动回原点功能。到达原点开关的设置侧时，将当前的轴位置作为原点位置。原点位置由回原点指令 MC_Home 的 Position 参数指定，如图 4-22 所示。

① 输入原点开关：设置原点开关的 DI 输入点。

② 选择电平：选择原点开关的有效电平是高电平或是低电平。这里选择"高电平"。

③ 参考点开关一侧：参考主动回原点中第⑤项的说明。

④ 参考点位置：该值是 MC_Home 指令中"Position"引脚的数值。

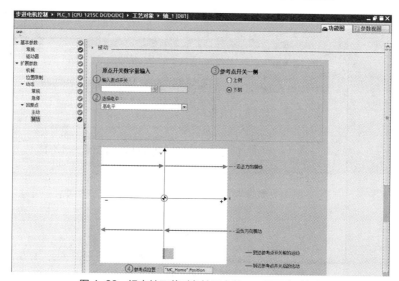

图 4-22　组态轴工艺对象扩展参数——回原点-被动

📖 小提示

被动回原点不需要轴不执行其他指令而专门执行主动回原点功能，而是轴在执行其他运动的过程中完成回原点的功能。

任务 2　使用轴控制面板调试运动轴

一、任务导入

轴控制面板是 S7-1200 PLC 运动控制中一个很重要的工具，用户在组态了 S7-1200 PLC 的工艺"轴"并把实际的机械硬件设备搭建好之后，在不需要编写程序的情况下，就可以使用轴控制面板调试驱动设备、测试轴和驱动的功能，测试 TIA Portal 软件中关于轴的参数设置和实际硬件设备接线是否正确。

本任务是在本项目任务 1 的基础上，使用轴控制面板，在手动方式下实现绝对位置运动、相对位置运动、点动和回原点等功能。

使用轴控制面板
调试运动轴
（视频）

二、任务实施

【设备和工具】

本任务使用的设备和工具与本项目任务 1 相同。

1. 连接硬件电路

本任务的硬件电路与本项目任务 1 相同。根据图 4-9 连接硬件电路。

2. 调试工艺"轴"

将任务 1 的项目下载到 PLC 中。如图 4-23 所示，用户可以在项目树下选择"PLC_1[CPU 1215C DC/ DC/DC]"→"工艺对象"→"轴_1[DB1]"选项，双击"调试"选项后打开"轴控制面板"，使用轴控制面板调试电机及驱动器，用于测试轴的实际运行功能。

图 4-23 中除了"激活"指令外，其他指令都是灰色的。如果错误消息返回"正常"，则可以进行调试。在控制面板中，单击"激活"指令，此时会弹出提示对话框，提醒用户使能该功能会让实际设备运行，在使用主控制前，先要确认是否已经采取了适当的安全预防措施，同时设置一定的监视时间，图 4-23 中为"3000ms"。单击"是"按钮，弹出图 4-24 所示的控制画面。

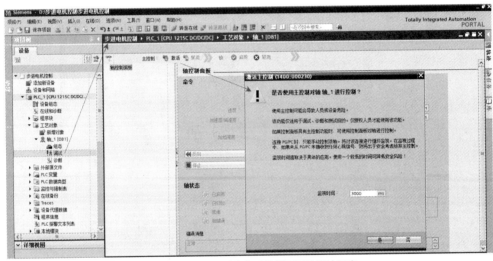

图 4-23　选择调试功能后控制面板的初始组态

（1）点动控制

① 如图 4-24 所示，单击"启用"按钮，启用轴，相当于 MC_Power 指令的"Enable"端。轴启用后才能进行其余的操作。

② 命令：有点动、定位和回原点 3 个选项。这里选择"点动"。

③ 设置点动速度为"50.0mm/s"。

④ 单击"正向"或"反向"按钮，电机以设定的速度正向或反向运行。

⑤ 当前值：包括轴的实时位置和速度值。

⑥ 轴状态：显示轴"已启用"和"就绪"。

⑦ 信息性消息：此时显示"轴正以恒定速度移动"。

⑧ 错误消息：如果没有错误，显示"正常"。

（2）定位控制

定位控制包括绝对定位和相对定位功能。

执行绝对定位之前，必须执行回原点命令，否则绝对定位命令无法执行。

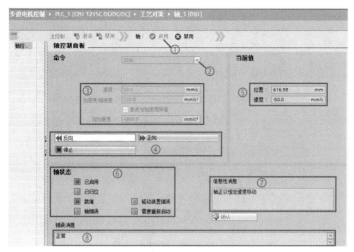

图 4-24　点动控制

① 如图 4-25 所示，单击"启用"按钮。

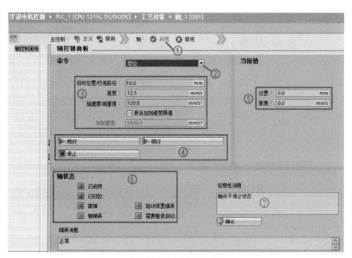

图 4-25　绝对定位

② 选择"定位"选项。

③ 设置绝对定位的目标位置/行进路径为"50.0mm"，速度为"12.5mm/s"。

④ 单击"绝对"按钮，电机以设定的速度正向运行。

⑤ 设定轴的当前值，此时轴位于"0.0mm"处，当前速度为"0.0mm/s"。

⑥ 轴的状态位，显示轴"已启用""已归位""就绪"。

⑦ 显示"轴处于停止状态"。

如图 4-25 所示，设置相对定位的目标位置和速度之后，单击"相对"按钮，电机以设定的速度正向运行，并在轴控制面板中显示轴的当前位置和速度。

（3）回原点控制

如图 4-26 所示，设置参考点位置为"0.0mm"之后，单击"回原点"按钮，电机以图 4-19 组态的回原点速度寻找参考点，直至原点开关 I0.5 动作，电机停在参考点开关下侧，并在轴控制面板中显示轴的当前位置和速度均为"0.0"，轴状态显示轴"已归位"。

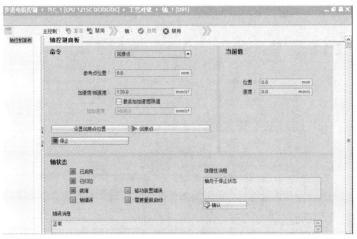

图 4-26　回原点

3. 诊断工艺"轴"

如图 4-27 所示，在项目树下选择"PLC_1[CPU 1215C DC/DC/DC]"→"工艺对象"→"轴_1[DB1]"选项，双击"诊断"选项后打开"诊断"面板，有状态和错误位、运动状态和动态设置 3 个选项，可以通过在线方式查看"诊断"面板中显示的轴关键信息和错误信息。图 4-27 中显示的是轴和驱动器的状态以及错误信息。如果没有错误，右下侧显示"正常"；如果有错误，比如本任务显示"已逼近硬限位开关的上限（以所组态的减速度到达限位开关。）"，关键的信息用绿色方框提示用户，无关信息则用灰色方框提示，错误的信息用红色方框提示用户。如"轴错误""已逼近硬限位开关的上限""已逼近硬限位开关"前面有红色方框，表示硬限位开关的上限 I0.6 已经触发闭合。

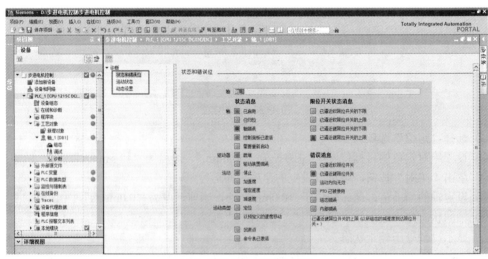

图 4-27　轴的"诊断"面板

任务 3　单轴机械手定位控制系统的安装与调试

一、任务导入

请用 S7-1200 PLC 和步进电机实现机械手的定位控制。如图 4-28 所示，三相步进电机拖动机械手在丝杠上左右滑行，步进电机旋转一周需要 1 000 个脉冲，每旋转一周行走 5.0mm。丝杠上设置 3 个限位开关，分别是原点开关 SQ1、左限（即上限）开关 SQ2 和右限（即下限）开关 SQ3。通过博途软件上的位存储器控制机械手使能、左右点动、绝对定位、相对定位、复位、暂停和回原点，轴的移动距离及速度通过博途软件设置，并将轴的当前位置和速度显示在 PLC 中。

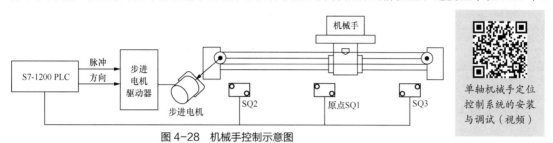

图 4-28 机械手控制示意图

单轴机械手定位控制系统的安装与调试（视频）

二、任务实施

【设备和工具】

本任务使用的设备和工具与本项目任务 1 相同。

1. 连接硬件电路

本任务的硬件电路与本项目任务 1 相同。参照表 4-3 所示的细分设置表，设置 1 000 步/转，需将控制细分的拨码开关 SW6～SW8 设置为 OFF、OFF、ON。

运动控制指令（视频）

2. 程序设计

📖 小提示

通过组态工艺"轴"，可以自动生成一系列运动控制指令。用户使用运动控制指令来控制轴并启动运动任务，还可以从运动控制指令的输出参数中获取运动轴的状态及指令执行期间发生的任何错误。S7-1200 PLC 共有 12 个运动控制指令，这些运动控制指令的输入/输出参数多、数据类型各异，它是编写运动控制程序的基础。为了更好地完成本任务的编程，请扫码学习"运动控制指令"。

（1）按照任务 1 的方法对工艺"轴"进行组态并进行面板调试。

（2）建立 PLC 变量表，如表 4-4 所示。

表 4-4　机械手控制的变量表

序号	名称	数据类型	地址	序号	名称	数据类型	地址
1	轴_1_脉冲	Bool	%Q0.0	13	复位完成位	Bool	%M10.7
2	轴_1_方向	Bool	%Q0.1	14	复位错误位	Bool	%M11.0
3	轴_1_HighHwLimitSwitch	Bool	%I0.6	15	回复点	Bool	%M11.1
4	轴_1_LowHwLimitSwitch	Bool	%I0.7	16	回原点完成位	Bool	%M11.2
5	轴_1_归位开关	Bool	%I0.5	17	回原点错误位	Bool	%M11.3
6	使能	Bool	%M10.0	18	左点动	Bool	%M11.4
7	轴状态位	Bool	%M10.1	19	右点动	Bool	%M11.5
8	轴错误位	Bool	%M10.2	20	达到点动速度	Bool	%M11.6
9	暂停	Bool	%M10.3	21	点动错误位	Bool	%M11.7
10	暂停完成位	Bool	%M10.4	22	点动速度	Real	%MD100
11	暂停错误位	Bool	%M10.5	23	绝对定位	Bool	%M12.0
12	复位	Bool	%M10.6	24	绝对距离	Real	%MD104

续表

序号	名称	数据类型	地址	序号	名称	数据类型	地址
25	绝对速度	Real	%MD108	30	相对定位完成位	Bool	%M12.4
26	绝对定位完成位	Bool	%M12.1	31	相对定位错误位	Bool	%M12.5
27	绝对定位错误位	Bool	%M12.2	32	相对速度	Real	%MD114
28	相对距离	Real	%MD110	33	轴当前位置	Real	%MD116
29	相对定位	Bool	%M12.3	34	轴当前速度	Real	%MD120

（3）编写程序

程序如图4-29所示。

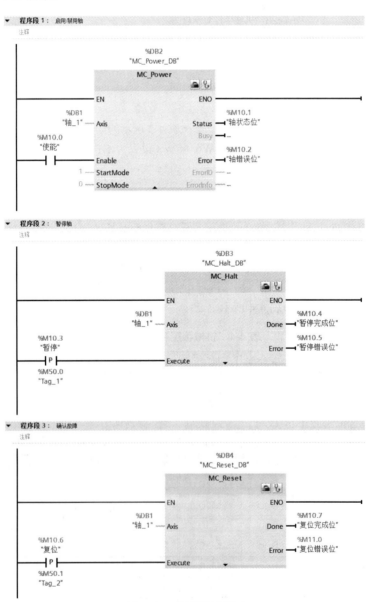

图4-29　机械手控制程序

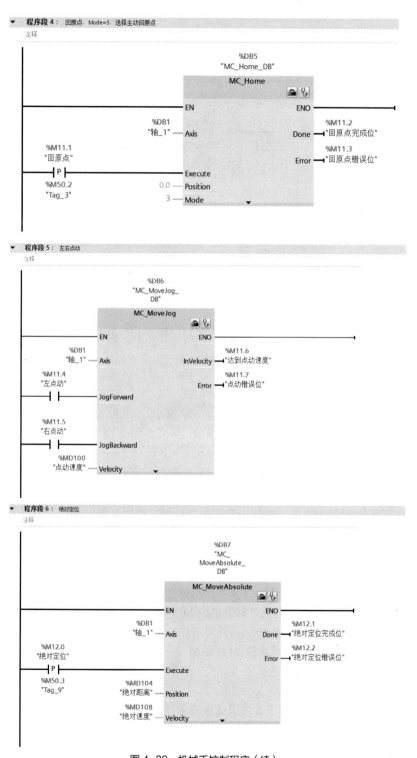

图 4-29　机械手控制程序（续）

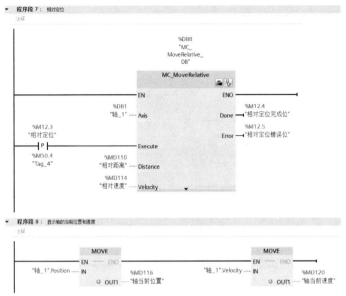

图 4-29　机械手控制程序（续）

（4）运行操作

① 使能轴。图 4-29 的程序段 1 为调用启用/禁用轴指令 MC_Power，通过博途软件使 M10.0=1，启用轴；M10.0=0，禁用轴。

② 暂停轴。程序段 2 为调用暂停轴指令 MC_Halt，通过博途软件使 M10.3=1 时，会让正在运动的轴停止。

③ 复位轴。程序段 3 为调用确认故障指令 MC_Reset。当轴发生错误时，通过博途软件使 M10.6=1，确认故障后，轴才能根据所需指令移动。

④ 回原点。程序段 4 为调用回原点指令，Mode=3，选择主动回原点。如果机械手位于参考点（原点）的右侧，通过博途软件使 M11.1=1 时，轴会以组态好的 20mm/s 的速度向左寻找参考点，逼近参考点时以 5mm/s 的速度返回参考点并停在参考点右侧；如果机械手位于参考点的左侧，通过博途软件使 M11.1=1 时，机械手先向左侧移动，碰到左限位开关 I0.6 后再掉头返回参考点并停在参考点右侧。

⑤ 点动轴。程序段 5 为调用左右点动指令 MC_MoveJog，通过博途软件将点动速度设为 MD100=30mm/s，左点动参数 M11.4=1，机械手向左以 30mm/s 的速度移动，当 M11.4=0 时，机械手停止运动。如果使右点动参数 M11.5=1，则机械手向右移动。

⑥ 绝对定位。程序段 6 为调用绝对定位指令 MC_MoveAbsolute，通过博途软件使绝对距离 MD104=60mm、绝对速度 MD108=60mm/s、绝对定位参数 M12.0 由 0→1，机械手从原点开关 I0.5 处向左移动 60mm，移动到位后，再次使 M12.0 由 0→1，则机械手不会移动。如果使绝对距离 MD104=-60mm，则机械手向右移动到原点开关 I0.5 的右侧 60mm 处。

📖 小提示

执行绝对定位指令之前，机械手必须通过回原点指令已经处于原点位置。

⑦ 相对定位。程序段 7 为调用相对定位指令 MC_MoveRelative，通过博途软件使相对距离 MD110=60mm、相对速度 MD114=30mm/s、相对定位参数 M12.3 由 0→1，机械手从当前位置向左移动 60mm，移动到位后，再次使 M12.3 由 0→1，则机械手继续向左移动 60mm。如果使相对距离 MD110=-50mm，则机械手向右移动。

⑧ 显示轴的当前位置和速度。程序段 8 用于显示轴的当前位置和速度。通过 MOVE 指令将"轴_1"的当前位置和速度传送到 MD116 和 MD120 中，并在 PLC 中显示。

项目延伸　工作台自动往返定位控制系统的安装与调试

如图 4-30 所示，三相步进电机拖动工作台左右移动，步进电机旋转一周需要 1 000 个脉冲，每旋转一周行走 5.0mm。系统设置 3 个限位开关，分别是原点开关 SQ3、左限（即上限）开关 SQ1 和右限（即下限）开关 SQ2。当工作台位于原点位置时，按下启动按钮，工作台以 1 000 脉冲/s 的速度向左移动 50mm，再以 2 000 脉冲/s 的速度向

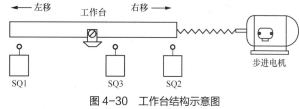

图 4-30　工作台结构示意图

右移动 70mm，如此循环进行，按下停止按钮，工作台停止运行。请使用 S7-1200 PLC 和步进电机，参考项目实施，完成下面的任务。

1. 参考图 4-9，画出工作台定位控制的硬件电路图。

2. 使用博途软件完成工作台运动轴的工艺组态。

📖 小提示

组态时，在图 4-12 所示的测量单位中选择"脉冲"；速度单位为"脉冲/s"，位置单位为"脉冲"。

3. 使用博途软件编写工作台控制程序并进行调试。

📖 小提示

使用绝对定位指令或相对定位指令编程时，需要将左移距离和右移距离根据控制要求换算为"脉冲"。工作台自动往返的参考程序请扫码"工作台自动往返定位控制的安装与调试"获取。

工作台自动往返
定位控制系统的
安装与调试
（文档）

课堂笔记

《中庸》中有："博学之，审问之，慎思之，明辨之，笃行之。"运动控制指令是本项目学习的重点和难点，建议从尚行——言胜于行、敏行——明辨善行、力行——身体力行 3 个维度，将任务 3 每一条运动控制指令在实训设备上反复训练，通过观察实际运动轴对应每条指令的运动状态，认真思考每条指令的功能和程序执行过程中参数的变化状态，最终达到活学活用的目的。请同学们借助教材的知识链接和项目实施，完成以下问题并记录在课堂笔记上。

1. 用思维导图总结本项目的知识点和技能点。

2. 项目延伸中，如果需要工作台手动回原点，可以使用哪个运动控制指令来实现此功能？

项目评价

由小组中的项目负责人总结本小组的知识掌握情况和项目完成情况，并在课堂上进行汇报。总结主要包括 3 个方面：用思维导图总结本项目的知识点和技能点；项目实施和项目延伸的成果展示；项目实施过程中遇到的问题及经验分享。

按照表 4-5，对本项目进行评价。评价成绩统一采用 A（优秀）、B（良好）、C（合格）、D（努力）4 档。该评价成绩作为本课程的过程考核成绩计入最终考核成绩。

表 4-5　步进控制系统的应用项目评价表

评价分类	评价内容	评价标准	自我评价	教师评价	总评
专业知识	引导问题	① 正确完成 100% 的引导问题，得 A； ② 正确完成 80% 及以上、100% 以下的，得 B； ③ 正确完成 60% 及以上、80% 以下的，得 C； ④ 其他得 D			
	课堂笔记	① 完成项目 4.1 的知识点和技能点的总结； ② 实现工作台回原点功能			
专业技能	任务 1	① 能正确连接 S7-1200 PLC 与步进驱动器的接线； ② 能使用博途软件对工艺轴进行组态			
	任务 2	① 能使用轴控制面板完成点动、定位和回原点控制功能； ② 能根据轴诊断面板的错误信息，查找问题并解决问题			
	任务 3	① 会画出机械手定位控制的硬件电路； ② 能编写机械手定位控制程序，能使用博途软件完成程序调试			
	项目延伸	① 会画出工作台自动往返定位控制电路图； ② 能编写工作台定位控制程序并完成调试			
职业素养	6S 管理	① 工位整洁，工器具摆放到位； ② 导线无浪费，废品清理分类符合要求； ③ 按照安全生产规程操作设备			
	展示汇报	① 能准确并流畅地描述出本项目的知识点和技能点； ② 能正确展示并介绍项目延伸实施成果； ③ 能大方得体地分享所遇到的问题及解决方法			
	沟通协作	① 善于沟通，积极参与； ② 与组员配合默契，不产生冲突			
自我总结	优缺点分析				
	改进措施				

电子活页拓展知识 双轴机械手定位控制

单轴运动控制系统只能实现较为简单的运动轨迹,对于较为复杂的运动轨迹,需要多轴联动才能实现精确的定位。例如,自动售货机至少需要两个轴才能准确抓取商品,数控机床需要 x 轴、y 轴、z 轴三个方向的联动才能加工出复杂的零件。现有一个双轴机械手,分别由 2 台步进电机拖动,让其沿 x 轴和 y 轴方向行走,如何让其运动轨迹走出一个长方形呢?

双轴机械手定位控制(文档)

自我测评

1. 填空题

(1)步进电机的转速与脉冲信号的_____成正比,步进电机的旋转角度与脉冲信号的_____成正比。

(2)步进电机每接收一个步进脉冲信号,电机就旋转一定的角度,该角度称为_____。

(3)步进电机的转子齿数越多,步距角就越_____。

(4)有一个三相六极转子上有 40 齿的步进电机,采用单三拍供电,则步距角为_____。

(5)按励磁方式的不同,步进电机可分为_____式、_____式和_____式 3 类。

(6)步进电机控制系统由_____、_____和_____构成。

(7)晶体管输出型的 S7-1200 PLC 可通过板载 I/O 最多提供_____路高速脉冲输出(PTO),频率范围为_____Hz≤f≤_____kHz,输出点为_____输出。

(8)继电器输出型的 S7-1200 PLC 可以通过_____的 I/O 实现高速脉冲输出(PTO),频率范围为_____Hz≤f≤_____kHz,输出点分为_____和_____。

(9)运动控制指令"MC_Home"的输入参数"mode"=_____时,会启动主动回原点操作。

(10)执行绝对定位之前,必须执行_____命令,否则绝对定位命令无法执行。

2. 分析题

(1)为什么轴在执行主动回原点命令时,初始方向没有找到原点,当需要碰到限位开关掉头继续寻找原点开关时并没有掉头,而是直接报"已逼近硬限位开关"错误并停止轴? 绝对定位和相对定位的区别是什么?

(2)为什么带有 Execute 引脚的运动控制指令,用户在监控程序的时候看不到指令的完成位 Done 为 1?

(3)如何设置 MC_MoveRelative 的运行方向?

(4)什么时候需要执行回原点命令?

(5)为什么在实际执行回原点指令时,轴遇到原点开关没有变化,直到运行到硬限位开关才停止报错?

3. 设计题

步进电机拖动丝杠运动,电机每转一周需要 2 000 个脉冲,在丝杠上移动 10mm。电机最高速度为 50 000 脉冲/s,启动/停止速度为 5 000 脉冲/s。当电机处于原点位置时,按下启动按钮,电机以 8 000 脉冲/s 的目标速度左行 20 000 脉冲的距离后自动返回原点,电机可以通过左、右点动按钮控制步进电机的左行或右行。试编写步进电机控制程序。

项目4.2
V90 PTI伺服控制系统的应用

04

引导问题

1. 伺服电机可以将电压信号转换为_____或_____输出，以驱动控制对象。

2. 伺服控制系统主要由_____、_____、_____、_____和_____
5 部分组成。

3. V90 PTI 伺服驱动器的 5 种基本控制方式分别是_____控制方式、_____
控制方式、_____控制方式、_____控制方式和_____控制方式。

知识链接

4.2.1 伺服电机

伺服电机可将输入的电压信号转换成电机轴上的角位移或角速度输出，以驱动控制对象，
改变控制电压可以改变伺服电机的转向和转速。在自动控制系统中，伺服电机用作执行元件，
其主要特点是，当信号电压为零时无自转现象，转速随着转矩的增加而匀速
下降。其控制速度、位置非常准确。

1. 伺服电机的分类

伺服电机按其使用的电源性质不同可分为直流伺服电机和交流伺服电机
两大类。直流伺服电机分为有刷直流电机和由方波驱动的无刷直流电机两种。
由于直流伺服电机存在因电刷、换向器等机械部件带来的各种缺陷，使其进
一步发展受到限制。

伺服电机（视频）

交流伺服电机也是无刷电机，按其工作原理可分为交流永磁同步电机和交流感应异步电机，
目前运动控制中一般都采用交流永磁同步电机。它的功率范围大，加之其具有过载能力强和转
动惯量低等优点，使其成为运动控制中的主流产品。

2. 伺服电机的外部结构

以西门子 SIMOTICS S-1FL6 伺服电机为例，它是交流永磁同步电机，运转时无须外部冷却。
SIMOTICS S-1FL6 分为低惯量伺服电机（200V）和高惯量伺服电机（400V）两种类型。其外形
如图 4-31 所示，编码器位于伺服电机的尾部，通过编码器电缆连接至伺服驱动器，主要测量电
机的实际位置和速度。SIMOTICS S-1FL6 伺服电机可选用增量式编码器和绝对值编码器。电机
动力电缆的一端与伺服电机内部绕组 U、V、W 连接，另一端连接至伺服驱动器的电机动力连接

器上。电机抱闸电缆连接至伺服驱动器的电机抱闸连接器上。

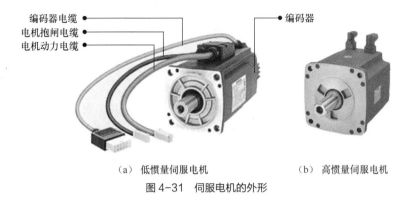

（a）低惯量伺服电机　　　　（b）高惯量伺服电机

图 4-31　伺服电机的外形

📖 **小提示**

增量式编码器在驱动器掉电后不能记忆位置实际值，每次上电后需要进行轴回零。绝对值编码器掉电可保持位置（无须电池）。

低惯量伺服电机（SH20、SH30、SH40 和 SH50）有 8 个功率级别，其动态性能高，转动惯量低，加速快，转速范围宽，最大转速高达 5 000r/min；高惯量伺服电机（SH45、SH65 和 SH90）有 11 个功率级别，具有更高的转矩精度和极低的速度波动，可用于要求运行平稳的场合，最大速度高达 4 000r/min。SIMOTICS S-1FL6 电机均具有 300%的过载能力，可与 SINAMICS V90 伺服驱动器结合使用以形成一个功能强大的伺服系统。

3. 伺服电机的内部结构及工作原理

交流永磁同步伺服电机由定子、转子和测量转子位置的编码器组成，如图 4-32 所示。定子主要包括定子铁心和三相对称定子绕组，三相定子绕组在空间相差 120°；转子是由高矫顽力稀土磁性材料（例如钕铁硼）制成的永磁体磁极。为了检测转子永磁体磁极的位置，在电机非负载端的后端盖安装有光电编码器。伺服电机的精度决定于编码器的精度。为了使伺服电机无"自转"现象，必须减小伺服电机的转动惯量，因此伺服电机的转子一般做成细长型。根据永磁体磁极在转轴中的位置不同，其可以分为表贴式和内置式两种结构形式。

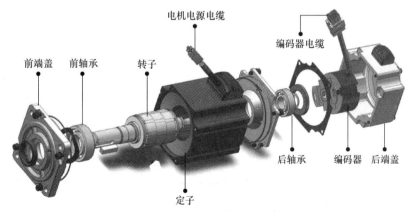

图 4-32　交流永磁同步伺服电机的结构

图 4-33 所示为一个两极的交流永磁同步伺服电机的工作示意图，当定子绕组中通过对称的三相交流电压时，定子将产生一个转速为 n_1（称为同步转速）的旋转磁场，由于在转子上安装

了永磁体，即一对旋转磁极 N、S，根据磁极同性相斥、异性相吸的原理，定子的旋转磁场就吸引转子磁极，带动转子一起旋转，转子的旋转速度 n 与定子旋转磁场的同步转速 n_1 相等，因此这种电机称为交流永磁同步电机（Permanent Synchronous Motor，PMSM）。交流永磁同步电机的转速：

$$n = \frac{60 f_1}{p} \qquad (4\text{-}2)$$

由式（4-2）可知，通过控制定子绕组三相输入电压的幅值和频率同时变化，即 V/f=常数来调节永磁同步伺服电机的速度，其调速原理与变频器相同。

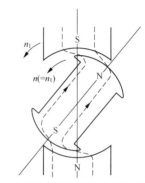

学海领航： 作为工业母机，数控机床是制造所有工业产品时最重要的高端加工装备之一，而伺服电机则是数控机床的动力心脏。高档数控机床加工精度越来越高，要求伺服电机体积更小、功率更大，如何攻克这一难题，制造出功率密度世界领先的数控机床伺服电机？请在网上搜索《大国重器》第三季《动力澎湃》第 5 集《聚力天地间》，并扫码学习"大国重器之动力澎湃"揭秘世界领先的伺服电机制造背后的工业智慧。

图 4-33　两极的交流永磁同步伺服电机的工作原理

4.2.2　伺服驱动器

1. 伺服控制系统的组成

以物体的位置、速度、转矩等作为控制量，以跟踪输入给定信号的任意变化为目的而构建的自动闭环负反馈控制系统，称为伺服控制系统（Servo-Control System）。它主要由控制器、伺服驱动器、伺服电机、被控对象（工作台）和位置检测元件（反馈装置）5 部分组成，如图 4-34 所示。

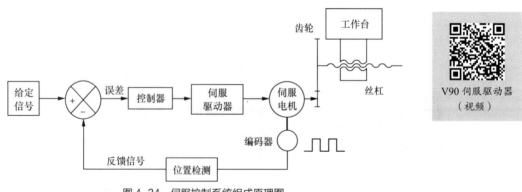

V90 伺服驱动器
（视频）

图 4-34　伺服控制系统组成原理图

（1）控制器按照系统的给定信号（即目标信号，例如位置、速度等）和反馈信号的偏差调节控制量，使步进电机或伺服电机按照给定信号的要求完成位移或定位。

（2）伺服驱动器又称伺服功率放大器。其作用是把控制器送来的信号进行功率放大，用于驱动电机运转，根据控制命令和反馈信号对电机进行连续位置、速度或转矩控制。

（3）伺服电机是系统的执行元件。它将控制电压转换成角位移或角速度拖动生产机械运转。

（4）位置检测元件通常是伺服电机上的光电编码器或旋转编码器。它能够将工作台运动的速度、位置等信息反馈至控制器的输入端，从而形成一个闭合的环，因此伺服控制系统也称为具有负反馈的闭环控制系统；反之，无反馈的方式，则称为开环控制系统，前面讲的步进控制系统就是开环控制系统。

（5）被控对象是指伺服控制系统的生产设备。

伺服控制系统最初用于国防军工，如火箭姿态调整、船舶的自动驾驶、火炮控制和指挥仪中，后来逐渐推广到国民经济的很多领域，特别是高精度数控机床、机器人和其他广义的数控机械，如纺织机械、印刷机械、包装机械、自动化流水线和各种专用设备等。

> **学海领航**：伺服系统是工业自动化的重要组成部分，是自动化行业中实现精确定位、精准运动的必要途径。伺服系统关键技术的突破，将极大地提升中国智能制造的技术水平和市场竞争力。请扫码学习"我国大功率机电伺服系统助力航天发展"。
>

2. 伺服驱动器的控制方式

伺服驱动器主要有 3 种控制方式，分别是位置控制方式、速度控制方式和转矩控制方式。这 3 种控制方式主要是通过伺服驱动器内部的电流环、速度环和位置环实现的，如图 4-35 所示。

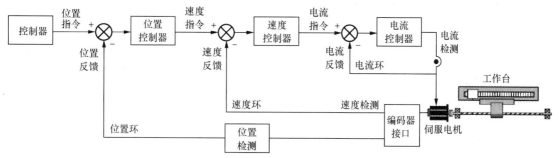

图 4-35　伺服驱动器的工作原理示意图

（1）电流环

电流环是内环，它完全在伺服驱动器内部进行控制，通过霍尔装置检测伺服驱动器给伺服电机各相的输出电流，负反馈给电流设定（即电流指令）进行 PID 调节，从而使输出电流等于或接近设定电流。电流环就是控制电机转矩的，所以在转矩控制方式下，伺服驱动器的运算量最小，动态响应最快。

（2）速度环

速度环通过检测伺服电机编码器的信号来进行负反馈 PI 调节。它的输出就是电流环的设定，所以速度环是包含了速度环和电流环的双闭环控制。速度环主要进行 PI 调节，所以对速度增益和速度积分时间常数进行合适的调节才能达到理想效果。

（3）位置环

位置环是最外环，可以在驱动器和伺服电机编码器之间构建，也可以在外部控制器和伺服电机编码器之间或最终负载之间构建，但要根据实际情况来定。位置环的输出就是速度环的速度设定。位置控制模式下系统进行了所有 3 个环的运算，此时的系统运算量最大，动态响应也最慢。

电流环、速度环和位置环都朝着使给定信号与反馈信号之差为零的目标进行控制。各环的响应速度按下述顺序逐渐增高：位置环＜速度环＜电流环。

3. V90 伺服驱动器的分类

西门子公司为适应小型运动控制需求，推出了一款小型高性能伺服驱动器 SINAMICS V90，功率范围为 0.05～7.0kW，广泛应用于各行各业，如定位、传送、收卷等设备中。同时 V90 伺服驱动器、SIMOTICS S-1FL6 伺服电机与 S7-1500T/S7-1500/ S7-1200 进行完美配合可实现丰富的运动控制功能。

（1）按控制方式分类

根据控制方式的不同，SINAMICS V90 伺服驱动器可分为脉冲序列（Pulse Train Input，PTI）版和 PROFINET（PN）通信版两种类型。

SINAMICS V90 PTI 和 PN 版伺服驱动器有 4 种外形尺寸，共 8 种驱动类型，如图 4-36 所示，7 种不同的电机轴高规格，支持单相/三相 200V 和三相 400V 两种供电方式，具有安全转矩关断（STO）功能。

| PTI | PN | PTI | PN | PTI | PN | PTI | PN |
| 外形尺寸A | | 外形尺寸B | | 外形尺寸C | | 外形尺寸D | |

图 4-36 单相/三相 200V 低惯量伺服驱动器的外形示意图

SINAMICS V90 脉冲序列（PTI）版的伺服驱动器顶端集成了 RS-485 通信接口，支持 Modbus RTU/USS 通信控制、模拟量控制和脉冲控制 3 种运动控制方式，可以实现外部脉冲位置控制、内部位置控制、速度控制、转矩控制和复合控制等功能。

SINAMICS V90 PN 版的伺服驱动器顶端集成了两个 RJ-45 的通信接口，可以通过 PROFIdrive 行规与上级控制器进行通信，实现速度控制和基本定位器 EPOS 控制等功能。

（2）按工作电源分类

根据工作电源的不同，SINAMICS V90 伺服驱动器可分为 200V 伺服驱动器和 400V 伺服驱动器两种。

4. SINAMICS V90 伺服驱动器的外部结构

SINAMICS V90 伺服驱动器的外部结构如图 4-37 所示。其顶部集成有 RS-485 连接器（PTI 版）或 2 个 RJ-45 连接器（PN 版）。基本操作面板上有 1 个 6 位 7 段显示屏、5 个操作按钮和 2 个状态指示灯，用来设置伺服驱动器的参数和显示电机运行的状态及数据信息。电源连接器 L1、L2、L3 用来连接伺服驱动器的工作电源，200V 系列伺服驱动器用于单相电网的情况，只需连接 L1、L2 和 L3 中的任意两个端子，400V 系列伺服驱动器用于三相电网的情况，需要连接 L1、L2、L3 3 个端子，电机动力连接器的 U、V、W 连接至伺服电机的 U、V、W 端子上。控制/状态（即 I/O）接口 X8 是伺服驱动器输入/输出信号连接器，PTI 版有 50 个引脚，PN 版有 20 个引脚。

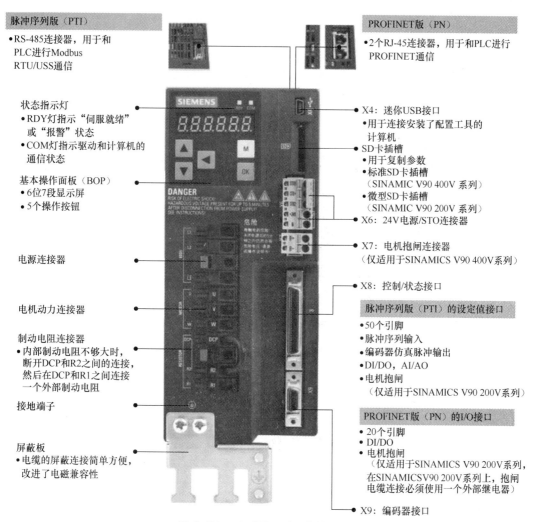

脉冲序列版（PTI）
- RS-485连接器，用于和PLC进行Modbus RTU/USS通信

PROFINET版（PN）
- 2个RJ-45连接器，用于和PLC进行PROFINET通信

状态指示灯
- RDY灯指示"伺服就绪"或"报警"状态
- COM灯指示驱动和计算机的通信状态

基本操作面板（BOP）
- 6位7段显示屏
- 5个操作按钮

电源连接器

电机动力连接器

制动电阻连接器
- 内部制动电阻不够大时，断开DCP和R2之间的连接，然后在DCP和R1之间连接一个外部制动电阻

接地端子

屏蔽板
- 电缆的屏蔽连接简单方便，改进了电磁兼容性

X4：迷你USB接口
- 用于连接安装了配置工具的计算机

SD卡插槽
- 用于复制参数
- 标准SD卡插槽（SINAMIC V90 400V 系列）
- 微型SD卡插槽（SINAMIC V90 200V 系列）

X6：24V电源/STO连接器

X7：电机抱闸连接器（仅适用于SINAMICS V90 400V系列）

X8：控制/状态接口

脉冲序列版（PTI）的设定值接口
- 50个引脚
- 脉冲序列输入
- 编码器仿真脉冲输出
- DI/DO，AI/AO
- 电机抱闸（仅适用于SINAMICS V90 200V系列）

PROFINET版（PN）的I/O接口
- 20个引脚
- DI/DO
- 电机抱闸（仅适用于SINAMICS V90 200V系列，在SINAMICSV90 200V系列上，抱闸电缆连接必须使用一个外部继电器）

X9：编码器接口

图 4-37 V90 伺服驱动器的外部结构

电机抱闸用于在伺服系统未激活（如伺服系统断电）时，停止运动负载的非预期运动（如在重力作用下的掉落）。

5. SINAMICS V90 伺服驱动系统连接

伺服驱动器工作时需要连接伺服电机、编码器、伺服控制器和电源等设备。SINAMICS V90 伺服驱动器的外形尺寸不同，它们的接线端子略有不同，图 4-38 所示是 SINAMICS V90 PTI 版 200V 伺服驱动系统的配置图。SINAMICS V90 伺服驱动器 1 的工作电源采用单相 AC 200～240V 电压；熔断器/E 型组合电机控制器 2 用于保护伺服系统；电源滤波器 3 将 SINAMICS V90 发射出的传导干扰限制至可允许的值，以保护伺服系统免受高频噪声干扰。

V90 的伺服驱动器 24V 端子必须连接外部 24 V 直流电源 4，以提供控制板及抱闸电源，还要确保驱动器和感性负载（如继电器或电磁阀）使用不同的 24 V 电源，否则驱动器可能无法正常工作。

当 V90 伺服驱动器内部制动电阻容量不足时，需要连接外部制动电阻 5，用于吸收直流母线内部产生的大量再生能源。

串行电缆（RS-485）8 可将 V90 伺服驱动器上的 RS-485 接口与上位机 11（即 PLC）相连，

实现 USS 或 Modbus 通信。

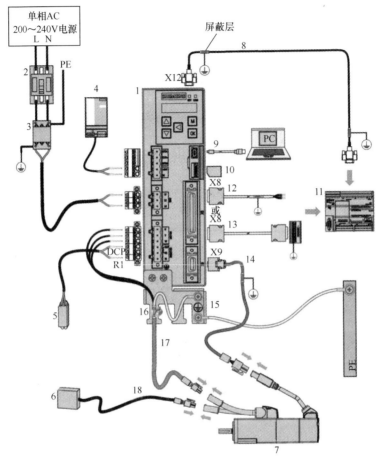

1—SINAMICS V90 伺服驱动器；2—熔断器/E 型组合电机控制器（选件）；3—滤波器（选件）；4—24V 直流电源（选件）；
5—外部制动电阻；6—外部抱闸继电器（第三方设备）；7—SIMOTICS S-1FL6 伺服电机；8—串行电缆（RS-485）；9—迷你
USB 电缆；10—微型 SD 卡；11—上位机；12—I/O 电缆（50 针，1m）；13—带终端适配器的 I/O 电缆（50 针，0.5m）；
14—编码器电缆；15—屏蔽板（在 V90 包装中）；16—卡箍（带在电机动力电缆上）；17—电机动力电缆；18—抱闸电缆

图 4-38　V90 PTI 版 200V 伺服驱动器的系统配置图

迷你 USB 电缆 9 将伺服驱动器上的 USB 接口和安装了 V-ASSISTANT 软件的计算机连接，从而实现 V90 的参数设置、试运行、状态显示监控、增益调整等操作。

微型 SD 卡 10 可用于复制伺服驱动器参数或者执行固件升级。

PTI 版本的伺服驱动器内置数字量输入/输出接口、脉冲接口和模拟量接口，可以通过 I/O 电缆 12 或带终端适配器的 I/O 电缆 13 与 PLC 连接。

将 SIMOTICS S-1FL6 伺服电机 7 上的编码器电缆 14（绿色）的接口插到 V90 的编码器接口 X9 上；将 SIMOTICS S-1FL6 伺服电机 7 上的电机动力电缆 17（橙色）中的 3 根黑色线 U、V、W 连接到 V90 的电机动力连接器接口 U、V、W 上（连接时相位顺序要对应，否则发出堵转报警 F7900），另一根黄绿相间的接地保护线 PE 连接到屏蔽板 15 上的固定环形接地端子上，并在需要的位置剥开电机动力电缆，将卡箍 16 套在电缆屏蔽层上，拧紧螺钉使电缆屏蔽层固定在屏蔽板上；200V V90 伺服驱动器内部没有集成抱闸继电器，需订购第三方的外部抱闸继电器 6，将伺服电机上的抱闸电缆 18（黑色）连接到抱闸继电器上，可直接控制电机的开抱闸动作。

为满足电磁兼容性（EMC）要求，所有与 SINAMICS V90 系统相连接的电缆必须为屏蔽电缆，这包括电源/电机动力电缆、串行通信电缆、编码器电缆以及抱闸电缆。需要将电缆屏蔽层通过卡箍连接到屏蔽板 15 上。

4.2.3 V90 PTI 外部脉冲位置控制模式

1. V90 PTI 版伺服驱动器的控制模式

V90 PTI 版伺服驱动器支持 10 种控制模式，包括 5 种基本控制模式和 5 种复合控制模式，如表 4-6 所示。基本控制模式只能支持单一的控制功能，通过参数 p29003 选择控制模式，参数值如表 4-7 所示。复合控制模式包含两种基本控制功能（见表 4-8），可以通过图 4-39 所示的 DI10（C-MODE，14 引脚）信号在两种基本控制功能之间切换，其参数值如表 4-8 所示。

表 4-6　V90 PTI 版伺服驱动器控制模式

	控制模式	缩写
基本控制模式	外部脉冲位置控制模式	PTI
	内部设定值位置控制模式	IPos
	速度控制模式	S
	转矩控制模式	T
	快速外部脉冲位置控制模式	Fast PTI
复合控制模式	外部脉冲位置控制与速度控制切换	PTI/S
	内部设定值位置控制与速度控制切换	IPos/S
	外部脉冲位置控制与转矩控制切换	PTI/T
	内部设定值位置控制与转矩控制切换	IPos/T
	速度控制与转矩控制切换	S/T

表 4-7　基本控制模式选择

参数	参数值	说明
p29003	0（默认值）	外部脉冲位置控制模式（PTI）
	1	内部设定值位置控制模式（IPos）
	2	速度控制模式（S）
	3	转矩控制模式（T）
	9	快速外部脉冲位置控制模式（Fast PTI）

表 4-8　复合控制模式选择

参数	参数值	DI10 控制模式选择信号状态	
		0（第 1 种控制模式）	1（第 2 种控制模式）
p29003	4	外部脉冲位置控制模式（PTI）	速度控制模式（S）
	5	内部设定值位置控制模式（IPos）	速度控制模式（S）
	6	外部脉冲位置控制模式（PTI）	转矩控制模式（T）
	7	内部设定值位置控制模式（IPos）	转矩控制模式（T）
	8	速度控制模式（S）	转矩控制模式（T）

2．外部脉冲位置控制模式的接线

当 V90 PTI 版伺服驱动器工作在位置控制模式时，需要接收脉冲信号来定位，脉冲信号可以由 PLC 产生。图 4-39 是外部脉冲位置控制模式（PTI）下的标准接线图。它支持 24V 单端和 5V 高速差分两种类型的脉冲输入方式。如果采用 24V 单端脉冲输入方式，需要将脉冲信号接到 36、37、38、39 引脚上；如果采用 5V 高速差分输入方式，需要将脉冲信号接到 1、2、26、27 引脚上。

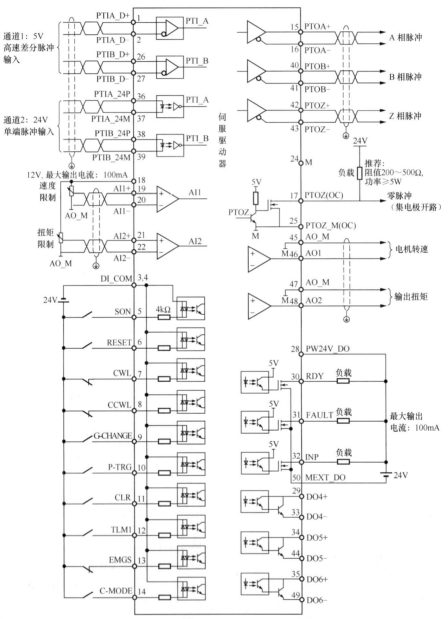

图 4-39　V90 PTI 版伺服驱动器在外部脉冲位置控制模式下的接线图

📖 **小提示**

两个通道不能同时使用，只能有一个通道被激活。24V 单端 PTI 为 V90 伺服驱动器的出厂设置。如果选择使用 5V 高速差分 PTI（RS-485），则必须将参数 p29014 的值由 1 改为 0。

📖 **小提示**

图 4-39 中，EMGS、CWL、CCWL 必须接入常闭触点，不可以接入常开触点，否则伺服驱动器停止运行。

4.2.4 V90 伺服驱动器的引脚功能及接线

1. V90 PTI 版伺服驱动器的引脚

V90 PTI 版伺服驱动器的输入/输出信号连接器 X8 是 50 针连接器，其引脚排列如表 4-9 所示。针对不同的控制模式，X8 连接器各引脚的接线和功能有所不同，图 4-39 是其外部脉冲控制模式下的接线图，引脚信号说明如表 4-9 所示。

表 4-9　X8 连接器的引脚信号说明

信号类型	引脚号	信号	描述	引脚号	信号	描述
			X8 连接器 50 针 MDR 插座			
脉冲输入（PTI）/编码器脉冲输出（PTO）	1、2、26、27：通过脉冲输入实现位置设定值。5V 高速差分脉冲输入（RS-485）；最大频率为 1MHz；此通道的信号传输具有更好的抗干扰性			15、16、40、41：带 5V 高速差分信号的编码器仿真脉冲输出（A+/A−、B+/B−）		
	1	PTIA_D+	A 相 5V 高速差分脉冲输入（+）	15	PTOA+	A 相 5V 高速差分编码器脉冲输出（+）
	2	PTIA_D−	A 相 5V 高速差分脉冲输入（−）	16	PTOA−	A 相 5V 高速差分编码器脉冲输出（−）
	26	PTIB_D+	B 相 5V 高速差分脉冲输入（+）	40	PTOB+	B 相 5V 高速差分编码器脉冲输出（+）
	27	PTIB_D−	B 相 5V 高速差分脉冲输入（−）	41	PTOB−	B 相 5V 高速差分编码器脉冲输出（−）
	36、37、38、39：通过脉冲输入实现位置设定值。24V 单端脉冲输入；最大频率为 200kHz			42、43：带 5V 高速差分信号的编码器零相脉冲输出（Z+/Z−）		
	36	PTIA_24P	A 相 24V 脉冲输入（+）	42	PTOZ+	Z 相 5V 高速差分编码器脉冲输出（+）
	37	EMGS PTIA_24M	A 相 24V 脉冲输入（−）	43	PTOZ−	Z 相 5V 高速差分编码器脉冲输出（−）
	38	PTIB_24P	B 相 24V 脉冲输入（+）	17、25：编码器零相脉冲输出和参考地（带集电极开路）		
				17	PTOZ（OC）	Z 相编码器脉冲输出信号（集电极开路输出）
	39	PTIB_24M	B 相 24V 脉冲输入（−）	25	PTOZ_M（OC）	Z 相脉冲输出信号参考地（集电极开路输出）
	24	M	PTI 和 PTI_D 参考地			
数字量输入/输出	3、4	DI_COM	数字量输入信号公共端	28	PW24V_DO	用于数字量输出的外部 24V 电源
	5	DI1	数字量输入 1	30	DO1	数字量输出 1
	6	DI2	数字量输入 2	31	DO2	数字量输出 2

续表

信号类型	引脚号	信号	描述	引脚号	信号	描述
数字量输入/输出	7	DI3	数字量输入 3	32	DO3	数字量输出 3
	8	DI4	数字量输入 4	50	MEXT_DO	用于数字量输出的外部 24V 接地
	9	DI5	数字量输入 5	29、33	DO4	数字量输出 4
	10	DI6	数字量输入 6	34、44	DO5	数字量输出 5
	11	DI7	数字量输入 7	35、49	DO6	数字量输出 6
	12	DI8	数字量输入 8	23	Brake	电机抱闸控制信号（仅用于 SINAMICS V90 200V 系列伺服驱动器）
	13	DI9	数字量输入 9			
	14	DI10	数字量输入 10			
模拟量输入/输出	18	P12AI	模拟量输入的12V电源输出	45	AO_M	模拟量输出接地
	19	AI1+	模拟量输入通道1，正向	46	AO1	模拟量输出通道 1
	20	AI1−	模拟量输入通道1，负向	47	AO_M	模拟量输出接地
	21	AI2+	模拟量输入通道2，正向	48	AO2	模拟量输出通道 2
	22	AI2−	模拟量输入通道2，负向			

　　V90 PN 版伺服驱动器的 X8 是 20 针连接器，有 4 路数字量输入引脚、2 路数字量输出引脚，对于 200V 驱动器，还有 17 和 18 抱闸控制引脚，如图 4-40 所示。

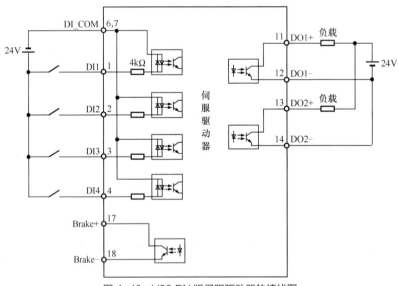

图 4-40　V90 PN 版伺服驱动器的接线图

　　📖 **小提示**

图 4-40 中的 17、18 引脚仅用于连接 200 V 系列驱动的抱闸控制信号。

2. 输入/输出引脚的接线

（1）数字量输入的接线

V90 伺服驱动器的数字量输入引脚内部采用双向光电耦合器，因此数字量输入支持 PNP 和

NPN 两种接线方式，如图 4-41 所示。

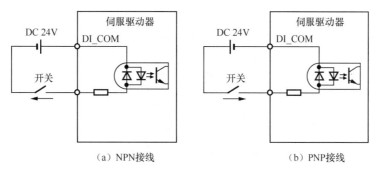

（a）NPN接线　　　　　　　　　　（b）PNP接线

图 4-41　伺服驱动器数字量输入的接线方式

（2）数字量输出的接线

V90 PTI 版伺服驱动器的数字量输出 DO 1～DO3 仅支持 NPN 接线方式，如图 4-42（a）所示，数字量输出 DO4～DO6 可支持 NPN 和 PNP 两种接线方式，如图 4-42（b）所示。V90 PN 版伺服驱动器数字量输出 DO 1 和 DO2 可支持 PNP 和 NPN 两种接线方式，如图 4-42（b）所示。

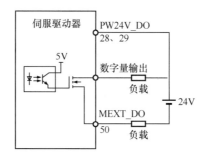

（a）数字量输出DO1～DO3的接线方式

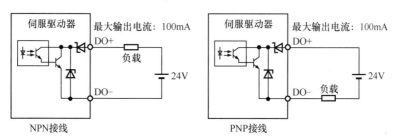

（b）数字量输出DO4～DO6（或DO1和DO2）的接线方式

图 4-42　伺服驱动器数字量输出的接线方式

3. V90 PTI 版伺服驱动器数字量输入/输出引脚的功能

V90 PTI 版伺服驱动器集成 10 个数字量输入（DI1～DI10）和 6 个数字量输出（DO1～DO6）引脚，其中 DI9 的功能固定为 EMGS（急停），DI10 的功能固定为 C-MODE（控制模式切换），其他的 DI 和 DO 功能可通过参数设置。DI1～DI8 的功能通过参数 p29301[x]～p29308[x]设置，不同的控制模式下的功能在不同的下标中进行区分。DO1～DO6 的功能通过参数 p29330～p29335 设置，不区分控制模式。

（1）数字量输入（DI）引脚功能

V90 伺服驱动器数字量输入引脚的默认设置如表 4-10 所示。由于有 PTI、IPos、S 和 T 4 种控制模式，每个数字量输入引脚的参数分别用下标 0、下标 1、下标 2 和下标 3 表示。例如，在 PTI 控制模式下 5 端子具有 SON 功能，就可以令 p29301[0]=1。

表 4-10　V90 伺服驱动器数字量输入引脚的默认功能

引脚	数字量输入	参数	默认信号（值）			
			下标 0（PTI）	下标 1（IPos）	下标 2（S）	下标 3（T）
5	DI1	p29301	1（SON）	1（SON）	1（SON）	1（SON）
6	DI2	p29302	2（RESET）	2（RESET）	2（RESET）	2（RESET）
7	DI3	p29303	3（CWL）	3（CWL）	3（CWL）	3（CWL）
8	DI4	p29304	4（CCWL）	4（CCWL）	4（CCWL）	4（CCWL）
9	DI5	p29305	5（G-CHANGE）	5（G-CHANGE）	12（CWE）	12（CWE）
10	DI6	p29306	6（P-TRG）	6（P-TRG）	13（CCWE）	13（CCWE）
11	DI7	p29307	7（CLR）	21（POS1）	15（SPD1）	18（TSET）
12	DI8	p29308	10（TLIM1）	22（POS2）	16（SPD2）	19（SLIM1）

知识拓展：V90 伺服驱动器的数字量输入引脚可分配的信号功能一共有 28 个，这些功能的详细信息请扫码"V90 伺服驱动器数字量输入引脚信号功能"获取。

V90 伺服驱动器
数字量输入引脚
信号功能（文档）

📖 小提示

伺服驱动器初次上电时，常出现 F7491（到达负限位）、F7492（到达正限位）和 A52902（急停丢失）错误。原因是正向行程限制信号（CWL）、负向行程限制信号（CCWL）以及急停（EMGS）这 3 个信号为 OFF。只有这 3 个信号都为 ON，伺服驱动器才可运行。如果实际使用时无须用到这 3 个功能，可通过把 p29300 的第 1、2、6 位设为 1 来强制为 ON，参数 p29300 的定义如表 4-11 所示，此时，p29300=2#0100 0110=16#46。

表 4-11　参数 p29300 的定义

位 6	位 5	位 4	位 3	位 2	位 1	位 0
EMGS	TSET	SPD1	TLIM1	CCWL	CWL	SON

参数 p29300 的优先级高于 DI。p29300 的位 6 用于设置快速停止。当驱动处于"SON"状态时，不允许改变其状态。

（2）数字量输出（DO）引脚功能

V90 伺服驱动器数字量输出引脚的默认功能如表 4-12 所示。例如，将 30 引脚的信号功能分配为伺服准备就绪，就可以使 p29330=1。

表 4-12　V90 伺服驱动器数字量输出引脚的默认功能

引脚	数字量输出	参数	默认信号（值）
30	DO1	p29330	1（RDY）
31	DO2	p29331	2（FAULT）
32	DO3	p29332	3（INP）
29/33	DO4	p29333	5（SPDR）
34/44	DO5	p29334	6（TLR）
35/49	DO6	p29335	8（MBR）

📖 **注意**

数字量输出信号 DO1～DO6 的逻辑可以被取反，也可以通过设置参数 p0748 的位 0～位 5 对 DO1～DO6 的逻辑取反。

　　知识拓展：V90 伺服驱动器的数字量输出引脚可分配的信号功能一共有 15 个，这些功能的详细信息请扫码 "V90 伺服驱动器数字量输出引脚信号功能" 获取。

V90 伺服驱动器数字量输出引脚信号功能（文档）

4.2.5　V90 PTI 版伺服驱动器的速度控制模式

1. V90 PTI 版伺服驱动器速度控制接线图

　　V90 PTI 版伺服驱动器速度控制模式的默认接线方式如图 4-43 所示。从图中可以看出，速度的控制方式有两种，一种是通过 AI1 通道（19、20 引脚）实现的外部模拟量速度设定值的速度控制，另一种是通过速度选择端 SPD1、SPD2、SPD3（默认接线方式没有此引脚）实现的带内部速度设定值的速度控制。AI2 通道通过电位器实现扭矩限制。

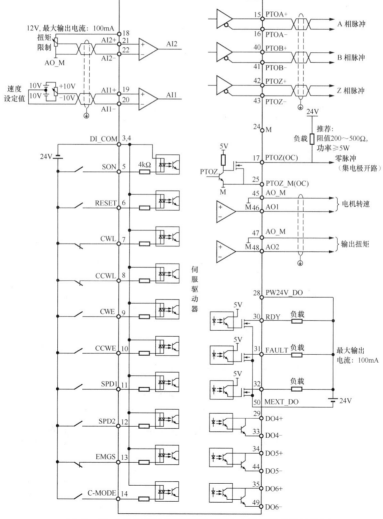

图 4-43　V90 PT1 版伺服驱动器速度控制模式的接线图

2. V90 PTI 版伺服驱动器速度控制方式

（1）外部模拟量速度设定值的控制方式

如图 4-43 所示，在速度控制模式下，如果数字量输入信号 SPD1、SPD2 和 SPD3 都处于低电位（0），则模拟量输入 1 的模拟量电压用作速度设定值，此种方法需要将电位器接在 AN1 通道的 19、20 引脚上，将正反转启动开关接在 CWE 和 CCWE 引脚上，将 CWL、CCWL 和 EMGS 接常闭触点。首先闭合 SON 常开触点，接着闭合正转启动开关 CWE 或反转启动开关 CCWE，伺服电机开始运行。此时调节电位器的大小，就可以调节加在 19 和 20 引脚之间的电压，从而调节伺服电机的速度。

在初始设置下，±10V 对应伺服电机的最大转速（即额定转速）。±10V 对应的最大转速设定值可由参数 p29060 确定。

（2）内部速度设定值的控制方式

内部速度设定值控制方式的接线如图 4-44 所示。将伺服驱动器的数字量输入引脚 10、11、12设置为 SPD1（速度设定值选择 1）、SPD2（速度设定值选择 2）及 SPD3（速度设定值选择 3）的功能，即将参数 p29306[2]、p29307[2]、p29308[2]的值设置为 15（SPD1）、16（SPD2）、17（SPD3），通过这 3 个输入引脚的不同组合，就可以控制伺服电机实现 7 段速（7 个速度在 p1001～p1007 中设置）控制。其控制状态如表 4-13 所示。伺服电机的旋转方向可以由 CWE 或 CCWE 控制，也可以通过将参数 p1001～p1007 的速度值设置为正值或负值来控制。

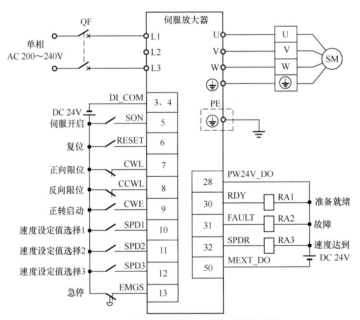

图 4-44　内部速度设定值控制方式的接线图

表 4-13　7 段速控制状态

输入信号			速度设定值参数	描述	默认值
SPD3	SPD2	SPD1			
0	0	0	—	外部模拟量速度设定值	0
0	0	1	p1001	内部速度设定值 1	0
0	1	0	p1002	内部速度设定值 2	0
0	1	1	p1003	内部速度设定值 3	0

续表

输入信号			速度设定值参数	描述	默认值
SPD3	SPD2	SPD1			
1	0	0	p1004	内部速度设定值 4	0
1	0	1	p1005	内部速度设定值 5	0
1	1	0	p1006	内部速度设定值 6	0
1	1	1	p1007	内部速度设定值 7	0

📖 **小提示**

速度控制模式下，EMGS、CWL、CCWL 必须为高电平。

项目实施

任务 1　SINAMICS V-ASSISTANT 调试软件的使用

一、任务导入

可以通过 BOP 操作面板和 V-ASSISTANT 软件两种方式调试 V90 伺服驱动器，但软件与驱动器连接后，BOP 操作面板就无法使用。

可通过 BOP 操作面板完成独立调试、诊断、参数查看、参数设置、固件升级和参数备份等工作。V90 PTI 版伺服驱动器的 BOP 操作面板如图 4-45 所示，具体操作请查看《SINAMICS V90 脉冲，USS/Modbus 接口操作说明》，两个 LED 状态指示灯（RDY 和 COM）可用来显示驱动状态。"RDY"指示灯绿色常亮，表示驱动处于"S ON"状态；"RDY"指示灯红色常亮，表示驱动处于"S OFF"状态或启动状态。"COM"指示灯绿色常亮表示启动与个人计算机的通信。

SINAMICS
V-ASSISTANT
调试软件的使用
（视频）

SINAMICS V-ASSISTANT 调试软件可在装有 Windows 操作系统的计算机上运行，利用图形用户界面与用户互动，并能通过 USB 接口与 SINAMICS V90 伺服驱动器相连，如图 4-46 所示。该软件工具用于设置参数、测试运行和执行故障排查，并具有强大的监控功能。

西门子 2021 年发布了 V90 的最新版 V-ASSISTANT V1.07 调试软件，V90 PN 最新版软件的最大特点是支持计算机通过网线连接 V90 PN 端口的调试方式。

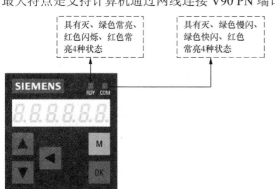

图 4-45　BOP 操作面板

图 4-46　SINAMICS V-ASSISTANT 调试软件与
V90 伺服驱动器的连接方式

本任务使用 SINAMICS V-ASSISTANT 调试软件设置 V90 伺服驱动器的参数并进行调试。

二、任务实施

【设备和工具】

西门子 CPU 1215C DC/DC/DC 的 PLC 1 台，安装有 TIA Portal V15 软件和 SINAMICS V-ASSISTANT 调试软件的计算机 1 台、SINAMICS V90 PTI 版伺服驱动器 1 台、SIMOTICS S-1FL6 伺服电机 1 台、MOTION-CONNECT 300 伺服电机的动力电缆 1 根、MOTION-CONNECT 300 编码器信号电缆 1 根、X8 控制/设定值电缆 1 根、网线 1 根、通用电工工具 1 套、《SINAMICS V90 SINAMICS V-ASSISTANT 在线帮助设备手册》。

1. 选择工作模式

V-ASSISTANT 调试软件有在线和离线两种工作模式。启动该软件时可以进行模式选择，如图 4-47 所示。

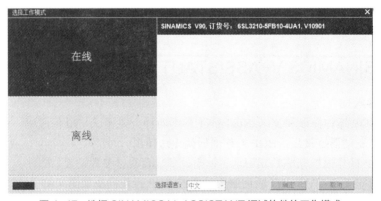

图 4-47　选择 SINAMICS V-ASSISTANT 调试软件的工作模式

（1）在线模式：SINAMICS V-ASSISTANT 调试软件与目标驱动通信。该驱动通过 USB 电缆连接到计算机端。选择在线模式后，可以检测到 V90 伺服驱动器的型号及订货号，如图 4-47 所示，单击"确定"按钮，软件会自动创建新项目并保存目标驱动的所有参数设置，然后进入图 4-48 所示的主窗口。

图 4-48　控制模式设置

（2）离线模式：SINAMICS V-ASSISTANT 调试软件不与任何已连接的驱动通信。在该模式下，可以选择新建工程或者打开已有工程。

2. 选择伺服电机及设置控制模式

当通过 SINAMICS V-ASSISTANT 调试软件进行参数设置时，通过在线模式获取实际驱动器的订货号，然后单击图 4-48 "任务导航"中的"选择驱动"选项，在右侧界面的"选择电机"选项组中选择所使用的电机，并在"控制模式"选项组中选择控制模式为"外部脉冲位置控制（PTI）"。

📖 **小提示**

在线模式连接的就是实际使用的驱动器，所以此时"选择驱动"按钮是不可用的。

在线模式下，可通过 JOG 功能对电机进行运行测试。选中图 4-48 中的"伺服使能"复选框，设置转速为 200r/min，此时可通过单击"顺时针"按钮 ⟳ 或"逆时针"按钮 ⟲ 对伺服进行正方向和负方向的运行测试，测试过程中会显示实际速度、实际扭矩、实际电流以及实际电机利用率。通过 SINAMICS V-ASSISTANT 调试软件的试运行，检查伺服驱动器与伺服电机之间的电缆（电机动力电缆、编码器电路、抱闸电缆）是否已正确连接。

📖 **小提示**

当驱动器进行 JOG 运行测试时，首先做如下检查。

对于 V90 PTI 版伺服驱动器，点动前数字量信号（EMGS）、行程限制信号（CWL/CCWL）必须保持在高电平或修改 p29300=16#46（2#1000110）；

对于 V90 PN 版伺服驱动器，需要设置 p29108.0=1，再进行点动操作。点动操作完成后，将 p29108.0 设置为 0；然后将伺服驱动器连接至空载电机，且无 PLC 连接至伺服系统。

3. 设置电子齿轮比

设置电子齿轮比仅用于外部脉冲位置控制（PTI），电子齿轮比就是对伺服驱动器接收到的上位机脉冲频率进行放大或者缩小。电子齿轮比的分子是伺服电机编码器旋转一圈的脉冲个数，其分母是使电机旋转一圈通过上级控制器所发出的脉冲数。选择图 4-49 中的"设置参数"→"设置电子齿轮比"选项，可设置电子齿轮比，V90 伺服驱动器共有 3 种设置方法。

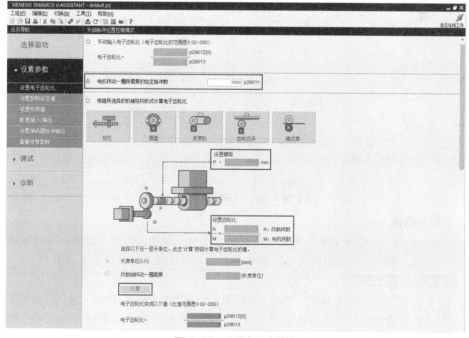

图 4-49　设置电子齿轮比

① 手动输入电子齿轮比：电机每转的设定值脉冲数 p29011 为 0 时，通过设置分子（p29012）和分母（p29013）来配置电子齿轮比。

② 电机转动一圈所需要的给定脉冲数：电机每转的设定值脉冲数 p29011 不为 0 时，在此输入电机转动一圈所需要的给定脉冲数。在本任务中，我们选择此种方式，设置电机转动一圈所需要的脉冲数是"2 000"，即参数 p29011=2 000。

③ 根据所选择的机械结构形式计算电子齿轮比：通过设置机械系统的参数，可建立实际运动部件和长度单位（LU）之间的联系。如果选择"丝杠"机械结构，只需要输入螺距值及齿轮比，选择显示单位并单击"计算"按钮，即可自动算出电子齿轮比。

长度单位（LU）指的是输入一个脉冲，伺服电机移动的距离。

4. 设置参数设定值

伺服驱动器工作在位置控制模式时，是根据脉冲输入引脚输入的脉冲串来控制伺服电机的位移和方向的，输入脉冲的频率确定伺服电机转动的速度，脉冲数确定伺服电机转动的角度。

V90 伺服驱动器支持 24V 单端和 5V 高速差分两个脉冲信号输入通道，通过参数 p29014 进行脉冲输入通道选择。脉冲输入形式有 AB 相正交脉冲和脉冲+方向两种形式。两种形式都支持正逻辑和负逻辑。通过参数 p29010 选择脉冲输入形式。

本任务使用的 CPU 1215C DC/DC/DC 输出的脉冲信号是 DC 24V，因此选择的信号类型为"脉冲+方向，正逻辑"，信号电平选择的是"24V 单端"，参数设置如图 4-50 所示。

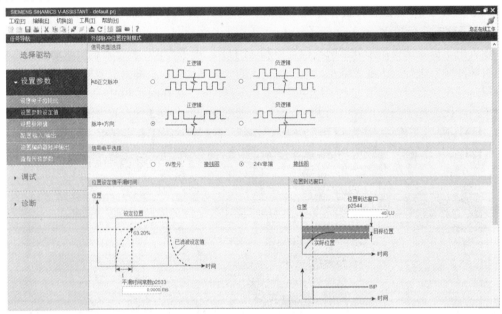

图 4-50　设置信号参数

5. 设置极限值

选择图 4-51（a）"任务导航"中的"设置参数"→"设置极限值"选项，可设置扭矩限制和速度限制的值，这两个值可根据实际控制要求设置，本任务采用默认值。

6. 配置输入/输出信号

选择图 4-52 所示的"任务导航"中的"设置参数"→"配置输入/输出"选项，分别单击"数字量输入""数字量输出""模拟量输出"标签，可分配相应的功能到对应的端子。例如：如果将 SON 信号分配到 DI6 引脚上，需要单击图 4-52（a）表中 SON 对应行的 DI1 带白色背景的单元格，下拉列表中会显示两个选项："分配"和"取消"，若选择"取消"选项解除该引脚当前的 SON 功能，则当前行单元格显示灰色；然后在 SON 信号所在行 DI6 引脚对应的灰色单元格上单击，下拉列表中会显示两个选项："分配"和"取消"，若选择"分配"选项，则将 SON 信号分配到 DI6 引脚上，当前行单元格显示白色。

在图 4-52（b）中可以配置数字量输出信号的功能，配置方法和数字量输入的配置方法一样。

在图 4-52（c）中可以配置模拟量输出信号的功能。例如单击模拟量输出 1 "实际速度"右侧的下拉按钮，在下拉列表中选择需要的功能即可。

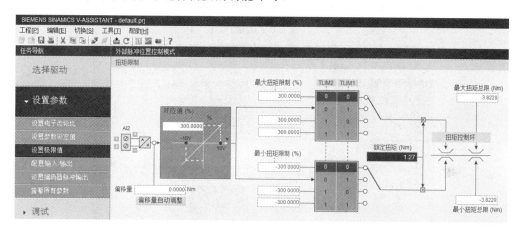

（a）扭矩限制设置

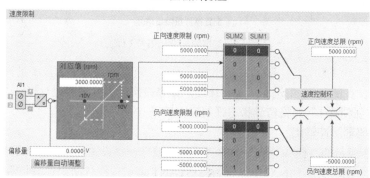

（b）速度限制设置

图 4-51　设置极限值

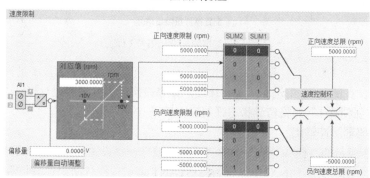

（a）配置数字量输入信号

图 4-52　配置输入/输出信号

（b）配置数字量输出信号

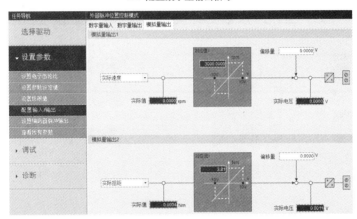

（c）配置模拟量输出信号

图 4-52　配置输入/输出信号（续）

本任务数字量输入和输出、模拟量输出均采用默认值。本任务中的数字量输入引脚 CWL、CCWL 和 EMGS 在图 4-58 中进行了实际接线，如果在实际中并没有进行接线，可激活图 4-52（a）最右侧的"强制置 1"列将信号状态强制置 1。

7. 设置编码器脉冲输出

选择图 4-53 所示的"任务导航"中的"设置参数"→"设置编码器脉冲输出"选项，可以在右侧界面配置脉冲输出。SINAMICS V-ASSISTANT 调试软件自动识别编码器类型及分辨率，共计两个选项可用于配置 PTO 相关参数。如图 4-53 所示，本任务采用"设置电机转一圈脉冲输出的数量"，p29030=2 500。

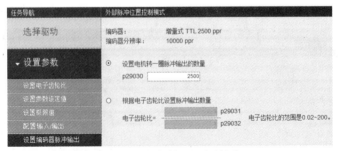

图 4-53　设置编码器脉冲输出

8. 查看所有参数

选择图 4-54 所示的"任务导航"中的"设置参数"→"查看所有参数"选项，可在该区域配置所有可编辑的参数。可以单击"出厂值"按钮（标记①），将所有参数复位至出厂设置；也可以单击"保存更改"按钮（标记②），将不同于默认/出厂值的参数更改保存为*.html 格式的文件，以便用于文档或者用作 BOP 调试的参考文件。

📖 **小提示**

参数设置完毕后要让伺服驱动器断电重启，修改过的一些参数才能生效。

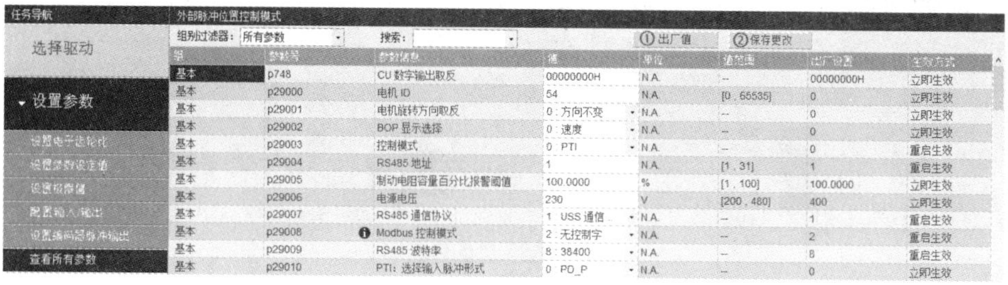

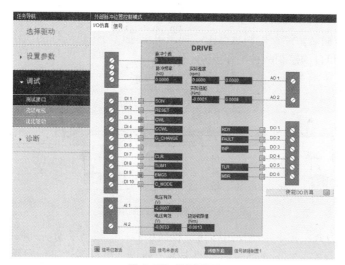

图 4-54　查看所有参数

9. 调试功能

SINAMICS V-ASSISTANT 调试软件处于在线工作模式时，具有"测试接口""测试电机""优化驱动"3 个调试功能可选择，如图 4-55 所示。

图 4-55　调试界面

测试接口：主要用于对伺服驱动器的 I/O 状态进行监控，对应接口的小方块变为绿色，表明该信号已经为"1"的状态。该接口还可以显示脉冲个数、实际速度等驱动器信息，还可以对数字量输出 DO 进行仿真。

测试电机：主要用于对电机运行进行 JOG 测试和位置试运行。

优化驱动：主要用于优化伺服驱动器，可以使用"一键优化"和"实时自动优化"功能。

10. 诊断功能

诊断功能仅用于在线模式。在"诊断"任务中包含"监控状态""录波信号""测量机械性能"3 个功能，如图 4-56 所示。

监控状态：用于监控伺服驱动器的实时数据。

录波信号：用于录波所连伺服驱动器在当前模式下的性能。

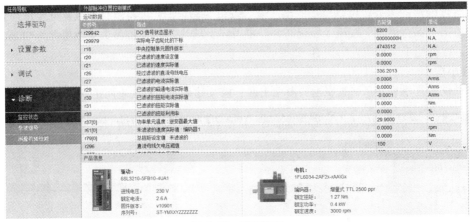

图 4-56　诊断界面

测量机械性能：用于优化伺服驱动器。可使用测量功能通过简单的参数设置禁止更高级控制环的影响，并能分析单个驱动器的动态响应。

任务 2　输送站位置控制系统的安装与调试

一、任务导入

图 4-57 所示为输送站位置控制示意图，伺服电机通过与电机同轴的丝杠带动机械手移动。要求具有手动控制和自动控制两种工作方式。

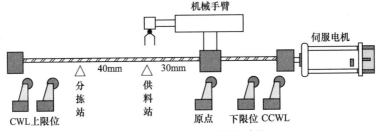

图 4-57　输送站位置控制示意图

手动控制工作方式：按下手动后退按钮，机械手右移；按下手动前进按钮，机械手左移。

自动控制工作方式：按下启动按钮，若未确定原点则机械手先进行回原点操作，原点确定后，机械手以 20mm/s 的速度从原点位置向前移动 30mm 到达供料站抓取工件，停 3s；然后以 25mm/s 的速度继续向前移动 40mm 到达分拣站将工件放下，停 5s；再以 30mm/s 的速度返回原点位置后停止运行。

为降低任务难度，本任务只涉及伺服运动定位控制过程，每一个站相应的抓取和放下工件的动作用延时表示（不编写相应的执行程序）。系统上电时，机械手自动回原点。系统有状态指示灯和复位按钮。

二、任务实施

【设备和工具】

主要设备和工具与本项目任务 1 相同，增加按钮、指示灯和行程开关若干。

1. 连接硬件电路

输送站位置控制的 I/O 分配如表 4-14 所示，电路图如图 4-58 所示，正、反

输送站定位控制
的硬件电路及运
动轴组态（视频）

向超程保护开关 SQ4、SQ5 和急停按钮 SB7 直接接到 V90 伺服驱动器的 7（CWL）、8（CCWL）、13（EMGS）引脚，为了 V90 伺服驱动器的正常运行，这 3 个开关均接常闭触点。

表 4-14　输送站位置控制 I/O 分配表

输入			输出		
输入继电器	输入元件	作用	输出继电器	伺服引脚（输出元件）	作用
I0.1	SB1	复位按钮	Q0.2	36	伺服脉冲信号
I0.2	RDY	伺服准备就绪	Q0.3	38	伺服方向信号
I0.3	SB2	手动前进	Q0.4	5（SON）	伺服使能
I0.4	SB3	手动后退	Q0.5	6（RESET）	伺服复位
I0.5	SQ1	丝杠原点	Q0.6	HL1	到达供料站指示灯
I0.6	SQ2	丝杠上限	Q0.7	HL2	到达分拣站指示灯
I0.7	SQ3	丝杠下限			
I1.0	SB4	停止			
I1.1	SB5	手动回原点			
I1.2	SB6	启动			
I1.4	SA	手/自动切换开关			

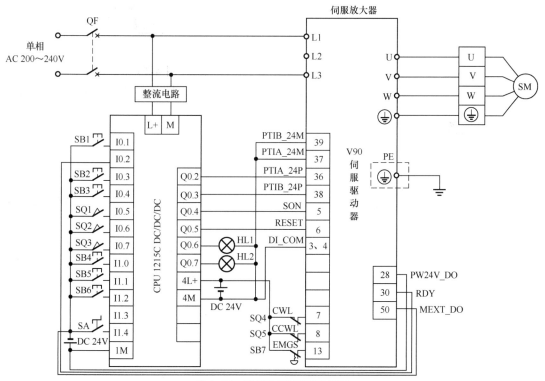

图 4-58　输送站位置控制接线图

2. 设置伺服驱动器参数

在设置参数之前，首先通过 SINAMICS V-ASSISTANT 调试软件恢复出厂设置。按照本项目任务 1 的方法设置输送站位置控制的参数，如表 4-15 所示。

表 4-15　输送站位置控制的参数设置

参数	名称	出厂值	设定值	说明
p29003	控制模式	0	0	p29003 是控制模式选择参数，可以设置以下数值。 0：外部脉冲位置控制（PTI）； 1：内部设定值位置控制（IPos）； 2：速度控制（S）； 3：扭矩控制（T）
p29010	选择输入脉冲形式	0	0	0：脉冲+方向，正逻辑； 1：AB 相，正逻辑； 2：脉冲+方向，负逻辑； 3：AB 相，负逻辑
p29011	每转设定值脉冲数	0	2 000	电机每转的设定值脉冲数。当该值为 0 时，所需的脉冲数取决于电子齿轮比
p29030	每转脉冲数	1 000	2 500	电机每转输出脉冲数为 2 500
p29301[0]	分配数字量输入 1	1	1	在位置模式下把 5 引脚功能分配为 SON
p29302[0]	分配数字量输入 2	2	2	在位置模式下把 6 引脚功能分配为 RESET
p29303[0]	分配数字量输入 3	3	3	在位置模式下把 7 引脚功能分配为 CWL
p29304[0]	分配数字量输入 4	4	4	在位置模式下把 8 引脚功能分配为 CCWL
p29330	分配数字量输出 1	1	1	在位置模式下把输出 30 引脚功能分配为 RDY
p29331	分配数字量输出 2	2	2	在位置模式下把输出 31 引脚功能分配为 FAULT
p29332	分配数字量输出 3	3	3	在位置模式下把输出 32 引脚功能分配为 INP

3. 组态运动轴工艺对象 TO

按照项目 4.1 中的任务 1 的方法组态轴工艺对象。注意，在图 4-13 中，本任务的脉冲输出是 Q0.2、方向输出是 Q0.3、使能输出是 Q0.4、就绪输入是 I0.2；图 4-14 中，本任务的电机每转的脉冲数是 2 000。其他组态和步进驱动控制的组态一样，这里不再赘述。

4. 编写程序

根据控制要求，编写图 4-59 所示的程序。

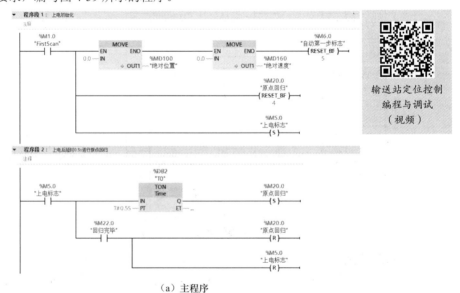

输送站定位控制
编程与调试
（视频）

（a）主程序

图 4-59　输送站位置控制程序

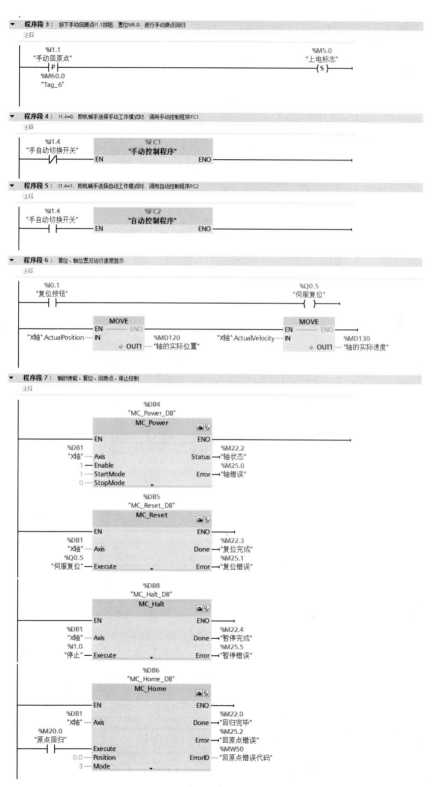

（a）主程序

图 4-59　输送站位置控制程序（续）

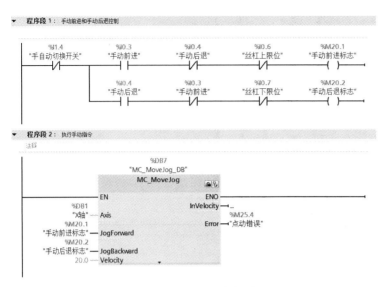

（b）手动控制程序 FC1

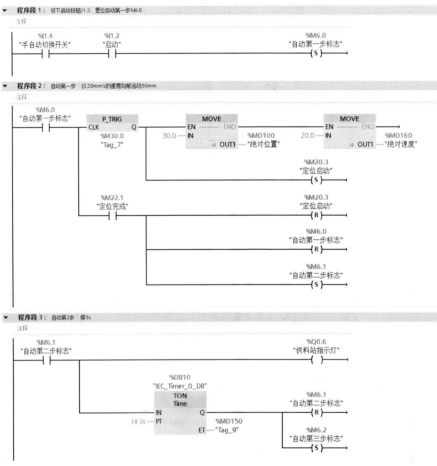

（c）自动控制程序 FC2

图 4-59　输送站位置控制程序（续）

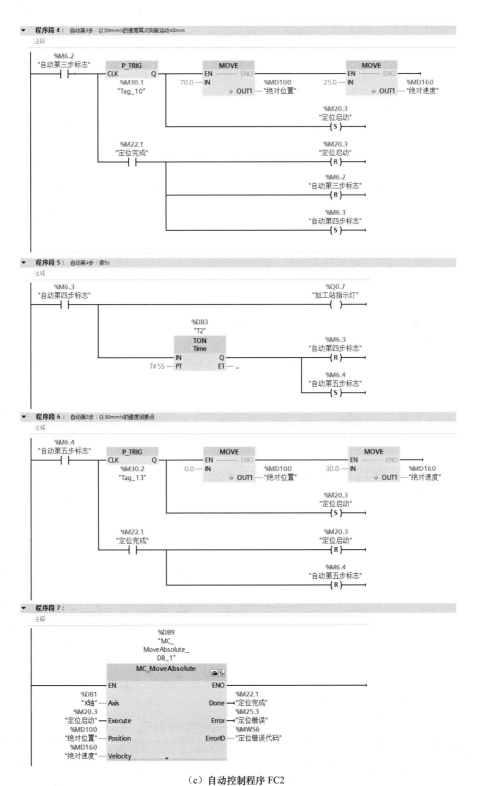

（c）自动控制程序 FC2

图 4-59　输送站位置控制程序（续）

5. 运行操作

（1）首先完成图 4-58 中 PLC 和伺服驱动器的接线。

（2）给 PLC 和伺服驱动器上电。用 SINAMICS V-ASSISTANT 调试软件设置伺服驱动器的参数。

（3）将图 4-59 所示的程序下载到 PLC 中，在图 4-59（a）中，初始化脉冲 M1.0 置位程序段 1 中的上电标志 M5.0；在程序段 2 中，定时器延时 0.5s 后置位原点回归 M20.0，用 M20.0 执行程序段 7 的原点回归"MC_Home"指令，保证 PLC 上电时让机械手自动回原点。

（4）如果手自动转换开关 I1.4 置于手动位置，即 I1.4=0，程序段 4 调用手动控制程序 FC1，在图 4-59（b）中，按下点动前进按钮 I0.3 或点动后退按钮 I0.4，手动前进线圈 M20.1 或手动后退线圈 M20.2 得电，执行程序段 2 中的手动"MC_MoveJog"指令，机械手进行手动控制。

（5）如果手自动转换开关 I1.4 置于自动位置，即 I1.4=1，程序段 5 调用自动控制程序 FC2，在图 4-59（c）中按下启动按钮 I1.2，置位 M6.0，进入自动程序第一步。自动程序在运行过程中需要以不同的速度运行 3 段不同的距离，因此程序段 2、4、6 的功能相同，对应相应的程序段，用 MOVE 指令将定位位置和定位速度送到 MD100 和 MD160 中，同时置位定位启动 M20.3，用 M20.3 执行程序段 7 中的绝对定位"MC_MoveAbsolute"指令，让机械手按照控制要求移动相应的距离。程序段 6 执行机械手回原点控制，当机械手回到原点后，完成自动控制程序一个周期的定位。如果需要机械手再执行新一轮的定位控制，只需要按下程序段 1 的启动按钮 I1.2 即可。

（6）图 4-59（a）中程序段 6 可以监控机械手的实际位置和实际速度。如果轴在运行中出错，按下复位按钮 I0.1，Q0.5 得电，其常开触点控制程序段 7 中复位"MC_Reset"指令，对运动轴进行复位操作。

（7）如果需要停止机械手，只需要按下图 4-59（a）中程序段 7 中的 I1.0 按钮，执行暂停轴"MC_Halt"指令，让机械手停止运行。

项目延伸　传送带速度控制系统的安装与调试

有一条传送带由伺服电机拖动并进行调速控制。按下启动按钮，传送带先以 1 000r/min 的速度运行 10s，接着以 800r/min 的速度运行 20s，再以 1 500r/min 的速度运行 25s，然后以 900r/min 的速度反向运行 30s，85s 后重复上述运行过程。在运行过程中，按下停止按钮，伺服电机停止运行。请参考知识链接 4.2.5，完成下面的任务。

传送带速度控制系统的安装与调试（文档）

1. 根据控制要求，传送带速度控制的 I/O 分配如表 4-16 所示，请将表 4-16 中的元件或引脚连接到图 4-60 所示的传送带速度控制电路中。

📖 小提示

本任务的 CWL、CCWL 和 EMGS 信号不用接外部开关，只需要令 p29300=2#0100 0110=16#46，将这 3 个信号置为高电平。

表 4-16　传送带速度控制 I/O 分配表

输入			输出		
输入继电器	输入元件	作用	输出继电器	伺服引脚	作用
I0.0	SB1	启动	Q0.0	5（SON）	伺服使能
I0.1	SB2	停止	Q0.1	6（CWE）	正转启动

续表

输入			输出		
输入继电器	输入元件	作用	输出继电器	伺服引脚	作用
			Q0.2	7（CCWE）	反转启动
			Q0.3	8（SPD1）	速度设定值选择 1
			Q0.4	9（SPD2）	速度设定值选择 2
			Q0.5	10（SPD3）	速度设定值选择 3

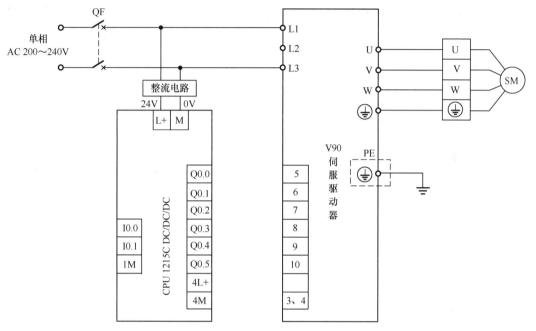

图 4-60　传送带速度控制电路图

2. 请将传送带速度控制的参数值填入表 4-17 中。

表 4-17　传送带速度控制的参数设置

参数	设定值	参数	设定值
p29003		p29304[2]	
p1120		p29305[2]	
p1121		p29306[2]	
p29300		p1001	
p29301[2]		p1002	
p29302[2]		p1003	
p29303[2]		p1004	

3. 请编写传送带速度控制程序并调试。

📖 小提示

该控制要求是典型的顺序控制，所以采用顺序功能图编写程序更加简单、易懂。

课堂笔记

清代学者金缨的《格言联璧·学问篇》中有："志之所趋，无远弗届。穷山距海，不能限也。"意为一个人如果志向远大，无论多远都能到达。伺服控制系统是一个始终为了达到给定目标而不断进行电流环、速度环和位置环调节的闭环控制系统，正是因为伺服系统坚持不懈的调节作用，才能最终实现自己追求的目标。请同学们借助教材的知识链接和项目实施，完成以下问题并记录在课堂笔记上。

1. 用思维导图总结本项目的知识点和技能点。

2. 图 4-58 中，假设不外接 CWL、CCWL 和 EMGS 的常闭触点，怎么设置参数实现此功能？

项目评价

由小组中的项目负责人总结本小组的知识掌握情况和项目完成情况，并在课堂上进行汇报。总结主要包括 3 个方面：用思维导图总结本项目的知识点和技能点；项目实施和项目延伸的成果展示；项目实施过程中遇到的问题及经验分享。

按照表 4-18，对本项目进行评价。评价成绩统一采用 A（优秀）、B（良好）、C（合格）、D（努力）4 档。该评价成绩作为本课程的过程考核成绩计入最终考核成绩。

表 4-18　V90 PTI 伺服控制系统的应用项目评价表

评价分类	评价内容	评价标准	自我评价	教师评价	总评
专业知识	引导问题	① 正确完成 100%的引导问题，得 A； ② 正确完成 80%及以上、100%以下，得 B； ③ 正确完成 60%及以上、80%以下，得 C； ④ 其他得 D			

续表

评价分类	评价内容	评价标准	自我评价	教师评价	总评
专业知识	课堂笔记	① 完成项目 4.2 的知识点和技能点的总结； ② 能正确回答课堂笔记的问题			
专业技能	任务 1	① 能使用 SINAMICS V-ASSISTANT 调试软件设置参数； ② 能使用 SINAMICS V-ASSISTANT 调试软件正确调试 V90 伺服驱动器			
	任务 2	① 会画出输送站定位控制的硬件电路； ② 能编写输送站控制程序并能使用博途软件完成调试			
	项目延伸	① 会画出传送带速度控制电路图； ② 能编写传送带速度控制程序并完成调试			
职业素养	6S 管理	① 工位整洁、工器具摆放到位； ② 导线无浪费，废品清理分类符合要求； ③ 按照安全生产规程操作设备			
	展示汇报	① 能准确并流畅地描述出本项目的知识点和技能点； ② 能正确展示并介绍项目延伸实施成果； ③ 能大方得体地分享所遇到的问题及解决方法			
	沟通协作	① 善于沟通，积极参与； ② 与组员配合默契，不产生冲突			
自我总结	优缺点分析				
	改进措施				

电子活页拓展知识　V90 PTI 版伺服驱动器的转矩控制

　　转矩控制模式是 V90 PTI 版伺服驱动器的基本控制模式之一。它有两种控制方式，一种是通过 AI2 通道（21、22 引脚）实现的带外部模拟量速度设定值的转矩控制，另一种是通过内部转矩设定值 p29043 实现的转矩控制。这两种转矩控制是如何实现的呢？请扫码学习"V90 PTI 版伺服驱动器的转矩控制"。

V90 PTI 版伺服驱动器的转矩控制（文档）

自我测评

1. 填空题

（1）位置检测元件通常是伺服电机上的_____。

（2）西门子 SIMOTICS S-1FL6 伺服电机是_____电机，分为_____

_____伺服电机和_____伺服电机两种类型。

（3）SIMOTICS S-1FL6 伺服电机可选用_____编码器和_____编码器。

（4）伺服驱动器主要有 3 种控制方式，分别是_____控制方式、_____控制方式和_____控制方式。这 3 种控制方式主要是通过伺服驱动器内部的_____环、_____环和_____环实现的。

（5）根据控制方式的不同，V90 伺服驱动器可分为_____版和_____版。

（6）V90 脉冲序列（PTI）版的伺服驱动器顶端集成了_____通信接口，支持_____控制、_____控制和_____控制 3 种运动控制方式。

（7）V90 PN 版伺服驱动器顶端集成了两个_____通信接口，可以实现_____控制和_____控制等功能。

（8）V90 伺服驱动器的数字量输入支持_____和_____两种接线方式。

（9）通过参数_____选择 V90 伺服驱动器的控制模式。

（10）可以通过_____和_____两种方式调试 V90 伺服驱动器。

（11）SINAMICS V-ASSISTANT 调试软件有_____和_____两种工作模式。

（12）V90 PTI 伺服驱动器支持_____和_____两个脉冲信号输入通道，通过参数 p29014 进行选择。

（13）V90 伺服驱动器的脉冲输入形式有_____脉冲输入和_____脉冲输入两种，两种形式都支持_____逻辑和_____逻辑，通过参数 p29010 选择脉冲输入形式。

（14）V90 伺服驱动器的数字量输入引脚_____、_____和_____必须置于高电平，伺服驱动器才能运行。

（15）如果 CWL、CCWL、EMGS 不连接硬件开关，可以通过设置参数 p29300=_____将其强制置为高电平。

2. 分析题

V90 PTI 版伺服驱动器的 CWL、CCWL 和 EMGS 外接常开触点，伺服电机会怎样运行？

3. 设计题

某电动蝶阀开度伺服控制系统，电动蝶阀由伺服电机通过涡轮杆带动阀片旋转，可以控制阀门开与关并且可以控制阀门的开口度。按下关闭按钮，系统回原点，阀门运行到完全关闭位置，即工位 1（0°）；阀门在关的位置，按下开启按钮，阀门运行到 60°位置时，停 10s，然后运行到阀门完全打开的工位 2（90°）停止；阀门在工位 2 时，按下关闭按钮，阀门以一定的速度运行到工位 1，阀门完全关闭。在运行过程中，按下停止按钮，阀门停止工作。请画出该伺服控制系统的硬件电路图，设置伺服驱动器参数并进行编程。

项目4.3
V90 PN伺服控制系统的应用
04

引导问题

1. V90 PN 版伺服驱动器具有_____控制和_____控制两种控制模式。
2. 工艺对象 TO 属于_____控制，EPOS 控制属于_____控制。
3. S7-1200 PLC 对 V90 PN 版伺服驱动器的位置控制有 3 种方法：_____、_____和_____。

知识链接

4.3.1　V90 PN 版伺服驱动器的控制模式和常用报文

1. V90 PN 版伺服驱动器的控制模式

　　V90 PN 版伺服驱动器具有速度控制（S）和基本定位器控制（EPOS）两种控制模式。V90 PN 版伺服驱动器连接 PLC 运动控制有两种不同的形式，分别是中央控制和分布控制，如图 4-61 所示。中央控制是指位置控制在 PLC 中计算，V90 PN 版伺服驱动器仅执行速度控制任务，这种方式依赖于 PLC 工艺对象功能 TO，运动相关参数在 PLC 的工艺对象中组态完成，比如搭配使用 S7-1200 PLC 可以实现速度和位置控制。分布控制与中央控制不同，位置计算在 V90 PN 版伺服驱动器侧实现，PLC 仅提供相关运动控制命令，比如 SINA_SPEED 和 SINA_POS 功能块，此功能依赖于 V90 PN 版伺服驱动器的基本定位功能，参数的配置在 V90 PN 版伺服驱动器侧通过 SINAMICS V-ASSISTANT 调试软件实现。

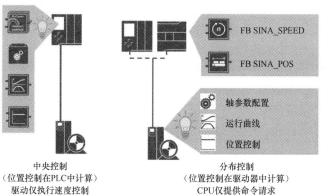

V90 PN 的控制
模式和常用报文
（视频）

中央控制
（位置控制在PLC中计算）
驱动仅执行速度控制

分布控制
（位置控制在驱动器中计算）
CPU仅提供命令请求

图 4-61　V90 PN 版伺服驱动器的控制方式示意图

2. V90 PN 版伺服驱动器的常用报文

带有 PROFINET 接口的 V90 PN 版伺服驱动器可以通过该接口与 S7-1200/1500 PLC 的 PROFINET 接口进行连接，通过 PROFIdrive 报文实现 PLC 对 V90 PN 版伺服驱动器的闭环控制。如图 4-62 所示，通过 PROFIdrive 报文，SIMATIC（PLC）可向 SINAMICS（驱动器）发送控制字、设定值等命令，同时 SINAMICS 将驱动的状态字和实际值等信息传送到 SIMATIC，这种控制方式可以实现闭环控制。

PROFINET 提供 PROFINET IO RT（实时）和 PROFINET IO IRT（等时实时）两种实时通信方式。西门子 PLC 可以通过 PROFINET RT 或 IRT 通信控制 V90 PN 版伺服驱动器，当使用 IRT 时最短通信循环周期为 2ms。目前，S7-1200 PLC 只支持 RT 通信，主要用于通用运动控制，S7-1500 PLC 支持 IRT 通信，主要用于高动态响应运动控制。

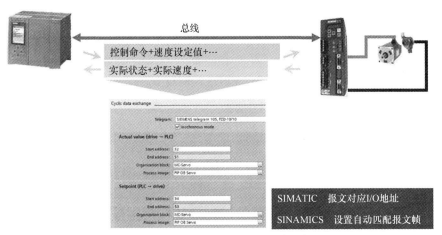

图 4-62　PLC 与伺服驱动器的通信示意图

PLC 控制器和驱动装置/编码器之间通过各种 PROFIdrive 报文进行通信，每个报文都有一个标准的 PZD 结构（参见项目 3.3 中的知识链接），可根据具体应用，在 SINAMICS V-ASSISTANT 调试软件的"任务导航"栏中的"选择报文"选项组选择相应的报文，如图 4-63 所示，报文的"PZD 结构及数值"等详情可以在该选项组的"接收方向"和"传输方向"下拉列表中查看。

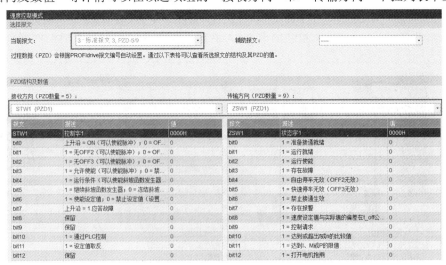

图 4-63　查看报文结构及数值示意图

V90 PN 版伺服驱动器在速度控制模式和基本定位器控制模式下支持标准报文和西门子报文，如表 4-19 所示。从驱动设备的角度来看，接收到的过程数据是接收字，待发送的过程数据是发送字。

表 4-19　V90 PN 版伺服驱动器支持的报文

控制模式	报文	PZD 最大数		对应参数	功能
		接收字	发送字		
速度控制（S）	标准报文 1：转速设定值 16 位	2	2	p0922=1	速度控制
	标准报文 2：转速设定值 32 位	4	4	p0922=2	速度控制
	标准报文 3：转速设定值 32 位，1 个位置编码器	5	9	p0922=3	速度/位置控制（S7-1200 配置 TO 时使用）
	标准报文 5（DSC）：转速设定值 32 位，1 个位置编码器和动态伺服控制	9	9	p0922=5	速度/位置控制（仅在 S7-1500/1500T 配置 TO 时使用）
	西门子报文 102：转速设定值 32 位，1 个位置编码器和转矩降低	6	10	p0922=102	速度/位置控制
	西门子报文 105（DSC）：转速设定值 32 位，1 个位置编码器、转矩降低和动态伺服控制	10	10	p0922=105	速度/位置控制（仅在 S7-1500/1500T 配置 TO 时使用）
基本定位器控制（EPOS）	标准报文 7：基本定位器，含运行程序段选择	2	2	p0922=7	S7-1200/S7-1500 通过 SINA_POS（FB284）控制 V90 EPOS 定位
	标准报文 9：基本定位器，含设定值直接给定（MDI）	10	5	p0922=9	
	西门子报文 110：基本定位器，含设定值直接给定（MDI）、倍率和位置实际值	12	7	p0922=110	
	西门子报文 111（EPOS）：基本定位器，含设定值直接给定（MDI）、倍率、位置实际值和转速实际值	12	12	p0922=111	

3. S7-1200 PLC 对 V90 PN 版伺服驱动器进行位置控制的方法

S7-1200 系列 PLC 通过 PROFINET 与 V90 PN 版伺服驱动器搭配进行位置控制，实现的方法主要有以下 3 种。

（1）通过工艺对象 TO

PLC 通过工艺对象 TO 控制 V90 PN 版伺服驱动器实现定位控制，可通过 GSD 文件选择标准报文 3 创建 TO_Positioning Axis，同时将 V90 PN 版伺服驱动器的控制模式选择为"速度控制（S）"，通过 PLC Open 标准程序块进行编程，这种控制方式属于中央控制方式。通过工艺对象 TO 最多控制 8 台 V90 PN 版伺服驱动器。

（2）通过 FB284（SINA_POS）功能块

V90 PN 版伺服驱动器的控制模式选择为"基本定位器控制（EPOS）"并使用西门子报文 111，PLC 通过西门子提供的驱动库中的功能块 FB284 可实现 V90 伺服驱动器的基本定位控制，这种控制方式属于分布控制方式。通过 FB284 最多控制 16 台 V90 PN 版伺服驱动器。

（3）通过 FB38002（Easy_SINA_Pos）功能块

V90 PN 版伺服驱动器使用西门子报文 111，此功能块是 FB284 功能块的简化版，功能比 FB284 少一些，但是使用更加简便。

4.3.2　V90 PN 版伺服驱动器的速度控制

1. S7-1200 PLC 对 V90 PN 版伺服驱动器进行速度控制的方法

S7-1200 系列 PLC 可以通过 PROFINET 与 V90 PN 版伺服驱动器搭配进行速度控制，1 台 S7-1200 PLC 可以对 16 个 V90 PN 版伺服驱动器进行速度控制。PLC 进行启停和速度给定，速度控制计算在 V90 PN 版伺服驱动器中，实现的方法主要有以下两种。

（1）使用 FB285 "SINA_SPEED"：V90 PN 版伺服驱动器使用标准报文 1，PLC 通过 FB285（SINA_SPEED）功能块对 V90 PN 版伺服驱动器进行速度控制，这种方式不需要 PLC 组态工艺对象 TO，PLC 的运算负担较小。

（2）使用 I/O 地址直接控制：不使用任何专用程序块，利用报文的控制字和状态字通过编程进行控制，V90 PN 版伺服驱动器使用标准报文 1，使用这种方式需要对报文结构比较熟悉。

2. FB285 功能块

FB285 属于 TIA Portal 提供的驱动库程序，用于基于博途编程环境的 S7-1200、S7-1500、S7-300/400 等 SIMATIC 控制器通过使用 FB285（SINA_SPEED）功能块，基于 V90 PN 版伺服驱动器速度控制模式下的标准报文 1，可以实现对于 V90 PN 版伺服驱动器的速度控制。获得 FB285 功能块有两种方法：①安装 Startdrive 软件，在 TIA Portal 软件中就会自动安装驱动库文件；②在 TIA Portal 软件中安装 SINAMICS Blocks DriveLib。

FB285 在命令库中的位置：在博途软件的"库"窗格中，依次选择"全局库"→"Drive_Lib_S7_1200_1500"→"03_SINAMICS"→"SINA_ SPEED"选项，将其拖曳到 OB1 编程网络中（此功能块只能与报文 1 配合使用），生成 FB285 功能块，如图 4-64 所示。

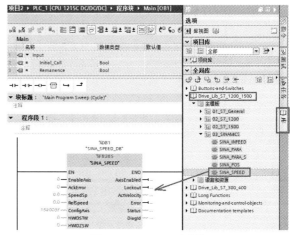

图 4-64　FB285 功能块

FB285 输入/输出引脚及其说明如表 4-20 所示。

表 4-20　FB285 输入/输出引脚及其说明

输入信号			
输入引脚	类型	默认值	功能
EnableAxis	Bool	0	使能轴
SpeedSp	Real	0.0[r/min]	速度设定
HWIDSTW	HW_IO	0	硬件标识符/I/O 地址
HWIDZSW	HW_IO	0	硬件标识符/I/O 地址
RefSpeed	REAL	0.0[r/min]	参考转速，设置为 p2000 的转速值
AckError	Bool	0	复位故障
ConfigAxis	Word	3	组态控制字 <table><tr><td>ConfigAxis</td><td>功能</td></tr><tr><td>Bit0</td><td>OFF2</td></tr><tr><td>Bit1</td><td>OFF3</td></tr></table>

续表

输入信号			
输入引脚	类型	默认值	功能
ConfigAxis	Word	3	<table><tr><td colspan="2">续表</td></tr><tr><td>ConfigAxis</td><td>功能</td></tr><tr><td>Bit2</td><td>脉冲使能</td></tr><tr><td>Bit3</td><td>使能斜坡函数发生器</td></tr><tr><td>Bit4</td><td>继续斜坡函数发生器</td></tr><tr><td>Bit5</td><td>使能设定值</td></tr><tr><td>Bit6</td><td>设定值反向</td></tr><tr><td>Bit7~Bit15</td><td>预留</td></tr></table>

输出信号			
输出引脚	类型	默认值	功能
Error	Bool	0	故障
Status	Int	0	16#7002: 没错误，功能块正在执行 16#8401: 驱动错误 16#8402: 驱动禁止启动 16#8600: DPRD_DAT 错误 16#8601: DPWR_DAT 错误
DiagId	Word	0	通信错误
AxisEnabled	Bool	0	轴已使能
ActVelocity	Real	0.0[r/min]	实际速度
Lockout	Bool	0	禁止接通

FB285 输入引脚 HWIDSTW 和 HWIDZSW 的硬件标识符可以在设备概览中选择已经添加好的报文（图 4-65 所示添加的是标准报文 1），在"属性"的"系统常数"选项卡中查看，如图 4-65 所示。也可以在编程窗口的 FB284 功能块的 HWIDSTW 和 HWIDZSW 引脚下拉列表中选择已经配置的报文。

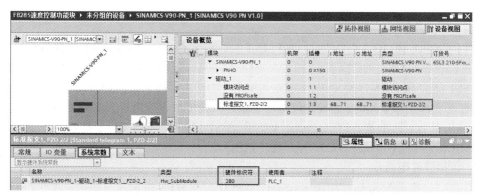

图 4-65　V90 PN 版伺服驱动器的 FB285 功能块硬件标识符的位置

3. PLC 通过 I/O 地址直接控制 V90 PN 版伺服驱动器的速度

此种控制方式无须专用的程序块，直接给定速度。S7-1200 PLC 与 V90 PN 版伺服驱动器的网络配置方法与此项目的任务相同，只需要将报文配置为速度控制使用的标准报文 1 即可。S7-1200 PLC 可将控制字和速度设定值发送至 V90 PN 版伺服驱动器，并从伺服驱动器周期性地读取其状态字和实际转速等过程数据。程序编写方法与项目 3.3 中的任务变频器的 PROFINET 通信相同，这里不再赘述。

项目实施

任务　剪切机定长控制系统的安装与调试

一、任务导入

如图 4-66 所示的剪切机，可以对某种成卷的板材按固定长度裁开。切刀初始位置在气缸上限位，伺服电机拖动放卷辊放出一定长度的板料，切刀向下运动，完成切割并延时 8s 后回到初始位置，完成一个工作循环。剪切的长度和速度可以通过上位机设置，伺服电机滚轴的周长是 5mm。控制要求如下。

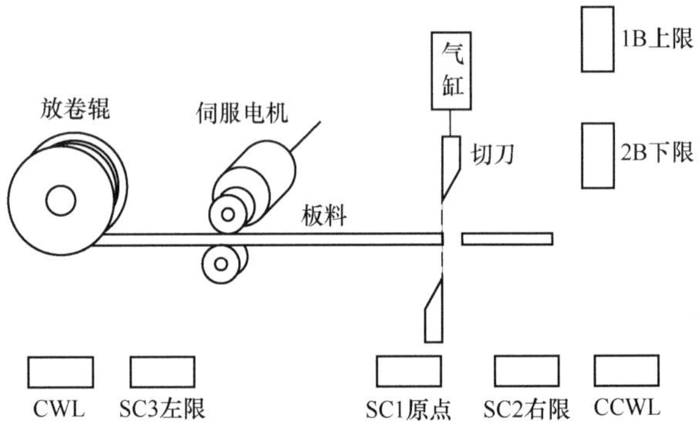

（1）系统具有手动控制和自动控制两种工作模式。

（2）手动控制模式可以对切刀进行上行和下行控制，也可以手动对板料进行送料和卷料控制。

图 4-66　剪切机位置控制示意图

（3）自动控制流程：切刀在初始位置时，按下启动按钮，剪切机按照上位机设置的剪切长度送料→送料完成，切刀下行至下限位处剪切→延时 8s→切刀上行至初始位置，如此循环。当按下停止按钮时，系统完成一个循环周期后，停止到初始位置。当按下急停按钮时，系统立即停止。

（4）按下复位按钮，可以清除伺服错误，切刀回到初始位置，送料机构将料送到原点，复位完成，原点指示灯点亮。

二、任务实施

【设备和工具】

西门子 CPU 1215C DC/DC/DC 的 PLC 1 台，安装有 TIA Portal V15 软件和 SINAMICS V-ASSISTANT 调试软件的计算机 1 台、SINAMICS V90 PN 版伺服驱动器 1 台、SIMOTICS S-1FL6 伺服电机 1 台、MOTION- CONNECT 300 伺服电机的动力电缆 1 根、MOTION-CONNECT 300 编码器信号电缆 1 根、X8 控制/设定值电缆 1 根、网线 1 根、按钮若干、NPN 输出型接近开关若干、通用电工工具 1 套、《TIA Portal V15 中的 S7-1200 Motion Control V6.0 功能手册》及《SINAMICS V90 PROFINET（PN）接口操作说明》。

1. 连接硬件电路

剪切机的 I/O 分配如表 4-21 所示。S7-1200 PLC 与 V90 PN 版伺服驱动器是通过 PROFINET 接口进行数据交换的，因此 S7-1200 PLC 的接线图只包括外部的 I/O 接口，如图 4-67 所示。

表 4-21 剪切机的 I/O 分配表

输入			输出		
输入继电器	输入元件	作用	输出继电器	输出元件	作用
I0.1	SB1	切刀手动上行	Q0.2	VV1	气缸下行
I0.2	SB2	切刀手动下行	Q0.3	YV2	气缸上行
I0.3	SB3	手动送料	Q0.4	YV3	切刀
I0.4	SB4	手动卷料	Q0.5	HL1	原点指示
I0.5	SC1	原点	Q0.6	HL2	气缸上行指示
I0.6	SC2	右限位	Q0.7	HL3	气缸下行指示
I0.7	SC3	左限位			
I1.0	SB5	停止			
I1.1	SB6	复位			
I1.2	SB7	启动			
I1.3	SA	手动/自动切换开关			
I1.4	1B	切刀上限位			
I1.5	2B	切刀下限位			
I1.6	SB8	急停			

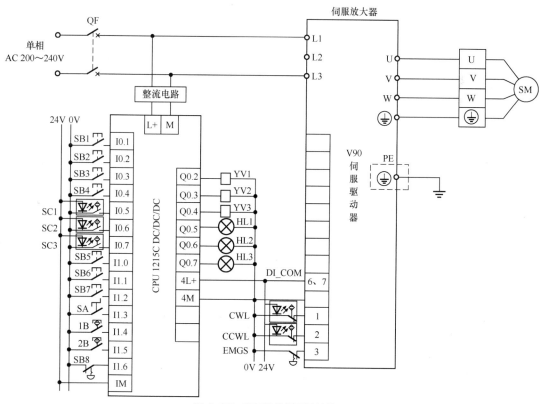

图 4-67 剪切机控制系统接线图

2. 配置 PLC 侧的硬件

（1）添加 S7-1200 PLC 并组态设备名称和分配 IP 地址，参考项目 3.3 的图 3-24。

（2）在网络视图中添加 V90 PN 设备（使用 GSD 文件）。

配置 S7-1200 PLC 和 V90 PN 的网络（视频）

在项目树中选择"设备和网络"选项（标记①处），单击"设备和网络"工作窗口中的"网络视图"标签（标记②处），在右侧"硬件目录"（标记③处）中找到"其他现场设备"→"PROFINET IO"→"Drives"→"SIEMENS AG"→"SINAMICS"→"SINAMICS V90 PN V1.0"模块（标记④处）并将其拖曳到"网络视图"空白处，如图 4-68 所示。

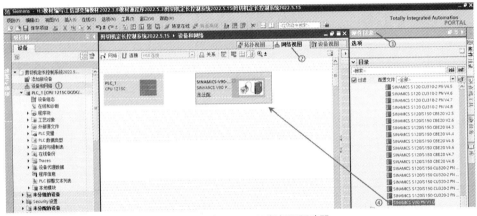

图 4-68　添加 V90 PN 版伺服驱动器

📖 小提示

若在"SINAMICS"选项下无法找到"SINAMICS V90 PN V1.0"模块，这说明未安装 V90 PN 版伺服驱动器的 GSD 文件。需要安装博途 Startdrive 驱动软件或打开博途软件菜单栏中的"选项"菜单，选择"管理通用站描述文件（GSD）"选项，在弹出的对话框中导入下载好的 GSD 文件，安装完成后即可进行网络配置。

V90 PN 版伺服驱动器的 GSD 文件可到西门子官网下载。

（3）建立 V90 PN 版伺服驱动器与 PLC 的 PN 网络，并设置 V90 PN 版伺服驱动器的 IP 地址及设备名称。

在"网络视图"中，单击 V90 PN 版伺服驱动器的蓝色提示"未分配"字样（标记①），选择 IO 控制器"PLC_1.PROFINET 接口_1"（标记②），完成 V90 PN 版伺服驱动器与 PLC 的网络连接（标记③），如图 4-69 所示。

在"网络视图"中，双击 V90 PN 版伺服驱动器，进入其"设备视图"，然后依次选择"属性"→"常规"→"PROFINET 接口[X150]"→"以太网地址"选项，在右侧界面中输入 IP 地址"192.168.0.25"和设备名称"v90-pn"，

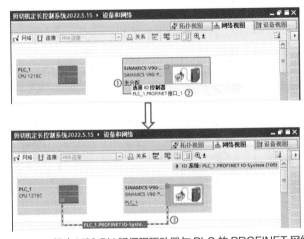

图 4-69　组态 V90 PN 版伺服驱动器与 PLC 的 PROFINET 网络

如图 4-70 所示。

图 4-70　设置 V90 PN 版伺服驱动器的 IP 地址和设备名称

（4）在设备视图中为 V90 PN 版伺服驱动器配置标准报文 3。

进入 V90 PN 版伺服驱动器的"设备概览"视图。在硬件目录中找到"子模块"→"标准报文 3，PZD-5/9"，双击或拖曳此模块至"设备概览"视图的 13 插槽即可，发送报文和接收报文的地址采用默认值，如图 4-71 所示。

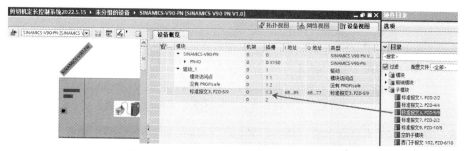

图 4-71　配置 V90 PN 版伺服驱动器的报文

（5）给实物 V90 PN 版伺服驱动器分配设备名称。

将配置好的 PLC 硬件组态下载到 PLC 中后，还要为实物 V90 PN 版伺服驱动器分配设备名称。如图 4-72 所示，第 1 种方法：在设备视图中，选中 V90 PN 并右击，在弹出的快捷菜单中选择"分配设备名称"选项，弹出图 4-73 所示的对话框，单击"更新列表"按钮，在图 4-73 的"网络中的可访问节点"选项组中，选中需要使用的第 2 台 V90 PN 设备，单击"分配名称"按钮即可；第 2 种方法：在图 4-72 所示的"项目树"中，选中"分布式 I/O"→"PROFINET IO-System（100）：PN/IE_1"并右击，在弹出的快捷菜单中选择"在线和诊断"选项，就可以将硬件组态好的设备名称"v90-pn"分配给实物 V90 PN 版伺服驱动器，请参考项目 1.2 变频器名称分配的图 1-29～图 1-33。

3. 组态运动轴工艺对象 TO

（1）按照项目 4.1 中的图 4-11 新增一个轴工艺对象。

（2）在"常规"参数设置中，本任务选择的驱动器控制模式为"PROFIdrive"，测量单位为"mm"，不使用仿真，如图 4-74 所示。

图 4-72　V90 PN 版伺服驱动器分配设备名称的两种方法

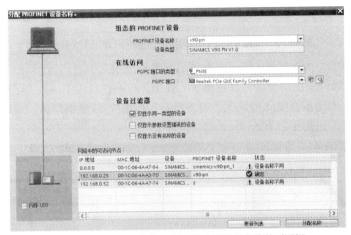

图 4-73　V90 PN 版伺服驱动器分配设备名称的对话框

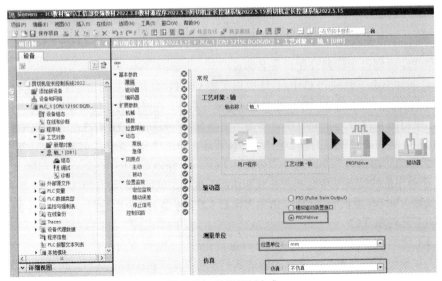

V90 PN 的工艺
对象 TO 组态
（视频）

图 4-74　选择控制方式

（3）配置"驱动器"参数。

在"驱动器"的参数配置中，需要对"选择 PROFIdrive 驱动装置"和"与驱动器进行数据交换"两项内容进行配置。

"选择 PROFIdrive 驱动装置"："数据连接"选择"驱动器"，"驱动器"需要选择网络视图中连接到 PROFINET 总线上的 V90 PN 版伺服驱动器，如图 4-75 所示。

"与驱动装置进行数据交换"：在"驱动器报文"选项中，系统会根据前面所选择的驱动器自动选择相应的驱动器报文，该报文必须与驱动器的组态一致，选择"DP_TEL3_STANDARD"，"输入地址 I68"和"输出地址 Q68"自动写入对应的位置。另外，选中"自动传送设备中的驱动装置参数"复选框，如图 4-75 所示。也可以手动设置参考转速及最大转速。

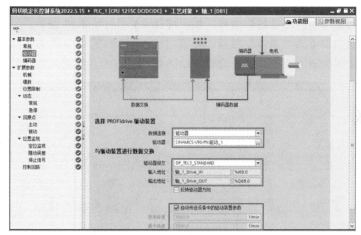

图 4-75　配置"驱动器"参数

（4）配置编码器参数。

本任务使用的是增量式编码器，其具体参数配置如图 4-76 所示。

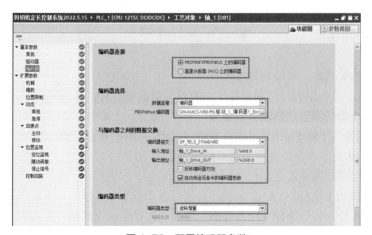

图 4-76　配置编码器参数

（5）配置"扩展参数"中的"机械"数据：编码器的安装位置及丝杠螺距，如图 4-77 所示。

（6）配置"扩展参数"中的"位置限制"，按照项目 4.1 中的图 4-16 设置，左限位为"I0.7"，右限位为"I0.6"。

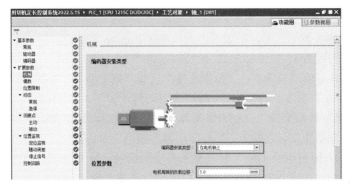

图4-77　配置机械数据

（7）设置"动态"中的"常规"参数，按照项目4.1中的图4-17设置。

（8）设置"动态"中的"急停"参数，按照项目4.1中的图4-18设置。

（9）本任务使用主动回原点，需要设置主动回原点的方式，如图4-78所示。

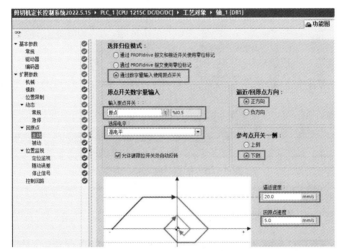

图4-78　设置回原点参数

📖 **小提示**

如果是绝对值编码器，此处的设置无用。

（10）"扩展参数"中的"位置监视"参数可根据需要设置，这里不再赘述。

4．V90 PN版伺服驱动器的参数设置

S7-1200 PLC通过PROFIdrive报文对V90 PN版伺服驱动器进行闭环控制，需要设置V90 PN版伺服驱动器的IP地址、设备名称及通信报文。

（1）选择驱动和控制模式。

使用SINAMICS V-ASSISTANT调试软件进行参数设置时，通过在线模式获取实际驱动器型号，然后选择"任务导航"中的"选择驱动"选项，在右侧界面选择所使用的伺服驱动器和电机，选择控制模式为"速度控制（S）"，如图4-79所示。

（2）选择通信报文。

单击"设置PROFINET"左侧的下拉按钮，选择"选择报文"选项，选择的报文为"3：标准报文3，PZD-5/9"，如图4-80所示。

V90 PN 的参数
设置（视频）

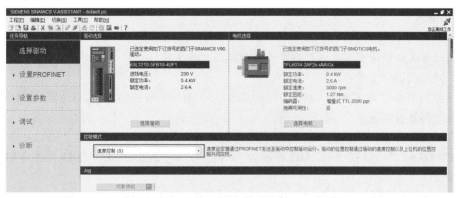

图 4-79　V90 PN 版伺服驱动器的型号及控制模式设置

图 4-80　V90 PN 版伺服驱动器通信报文设置

（3）网络配置。

单击"设置 PROFINET"左侧的下拉按钮，在"配置网络"选项中设置 V90 PN 版伺服驱动器的站名和 IP 地址，本任务把 V90 PN 版伺服驱动器的站名命名为"v90-pn"，IP 地址设置为"192.168.0.25"，然后单击"保存并激活"按钮，如图 4-81 所示。

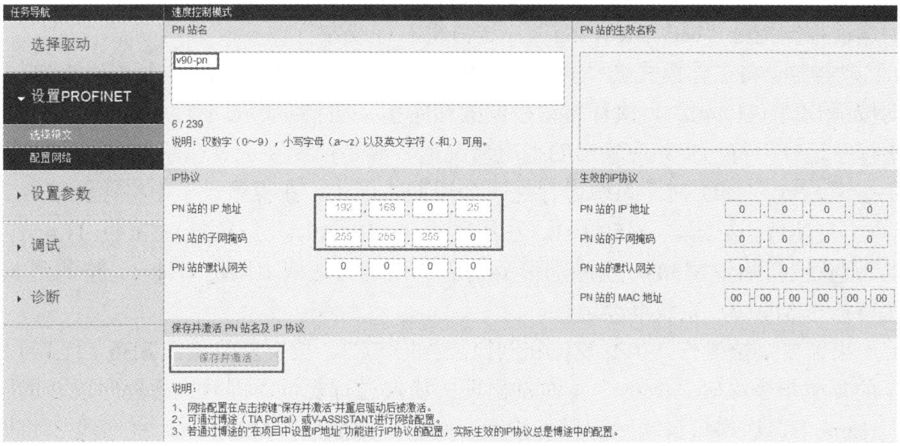

图 4-81　配置 V90 PN 版伺服驱动器的站名和 IP 地址

📖 **小提示**

图 4-81 设置的 V90 PN 版伺服驱动器的站名一定要与 PLC 侧的硬件配置中 V90 PN 版伺服驱动器的设备名称相同。参数保存后需重启驱动器才能生效。

（4）输入引脚功能设置。

本任务的图 4-67 将 CWL、CCWL 和 EMGS 信号接入 V90 PN 版伺服驱动器的 DI1～DI3 引脚中，因此需要设置这 3 个引脚的功能。

单击"设置参数"左侧的下拉按钮，在"查看所有参数"选项中设置"p29301=3"（DI1 设置为 CWL）、"p29302=4"（DI2 设置为 CCWL）、"p29303=29"（DI3 设置为 EMGS），如图 4-82 所示。

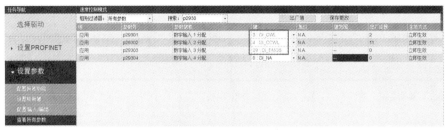

图 4-82　设置数字量输入 DI1～DI3 的引脚功能

5. 编写程序

剪切机的控制程序如图 4-83 所示，包含主程序、手动控制程序、自动控制程序、复位和回原点程序等。

6. 运行操作

（1）按照图 4-67 将 PLC 与伺服驱动器连接起来，并将图 4-83 的程序下载到 PLC 中。

剪切机编程与调试（视频）

（2）使用 V-ASSISTANT 调试软件设置 V90 PN 版伺服驱动器的参数，参数设置完毕后断开 QF，再重新合上 QF，刚才设置的参数才会生效。

（3）手动控制：将工作模式选择开关 SA 置于手动位置，即 I1.3=0，执行手动控制程序 FC1，按下切刀手动上行按钮 SB1（I0.1=1）或手动下行按钮 SB2（I0.2=1），执行图 4-83（b）中的程序段 1，上行 Q0.3 或下行 Q0.2 得电，切刀上行或下行，程序设置了上行和下行的互锁。

按下手动送料按钮 SB3（I0.3=1）或卷料按钮 SB4（I0.4=1），执行图 4-83（b）程序段 2 中的手动运动控制指令"MC_MoveJog"，送料机右行或左行。

（4）自动控制：将工作模式选择开关 SA 置于自动位置，即 I1.3=1，执行自动控制程序 FC2。按下启动按钮 SB7（I1.2=1），执行自动控制的初始步→送料→切刀下行→剪切→切刀上行的流程，观察程序运行中每一步对应输出的得电情况是否满足控制要求。在图 4-83（c）中，为了在按下停止按钮 SB5（I1.0）时，系统运行完一个周期才停止，在程序段 1 中将停止信号 I1.0 用置位 S 指令一直使停止标志位 M50.1=1。在程序段 6 中，如果切刀达到上限位 I1.4=1，检测到 M50.1=1，则置位初始步 M50.0，系统停止运行；如果切刀达到上限位 I1.4=1，检测到 M50.1=0，则置位送料标志 M60.0，系统继续运行。

（5）如果需要复位操作，执行复位和回原点程序 FC3。按下复位按钮 SB6（I1.1=1），执行程序段 1 的复位指令"MC_Reset"，对轴出现的错误进行复位。同时执行程序段 2 的回原点指令"MC_Home"，送料机自动回到原点位置。回原点完成后，M20.6=1，程序段 3 将原点已回归标志 M50.5 置位 1。程序段 4 执行切刀复位控制，让切刀线圈 Q0.3 得电上行至切刀上限位 I1.4，复位 Q0.3，切刀上行停止。

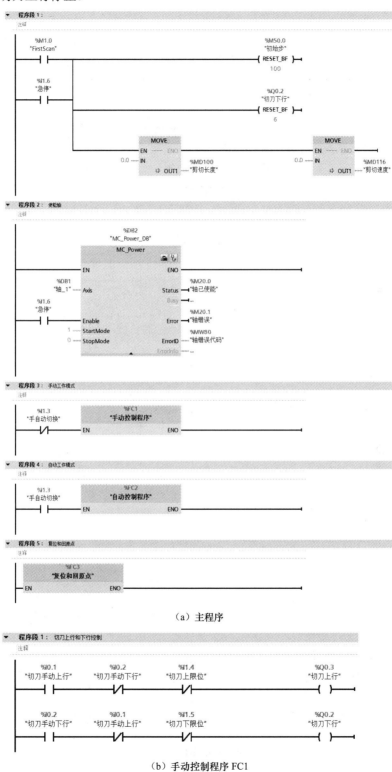

（a）主程序

（b）手动控制程序 FC1

图 4-83　剪切机程序

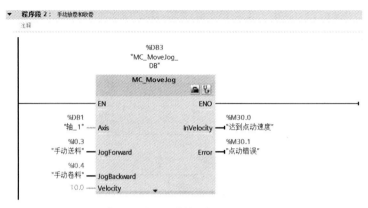

（b）手动控制程序 FC1

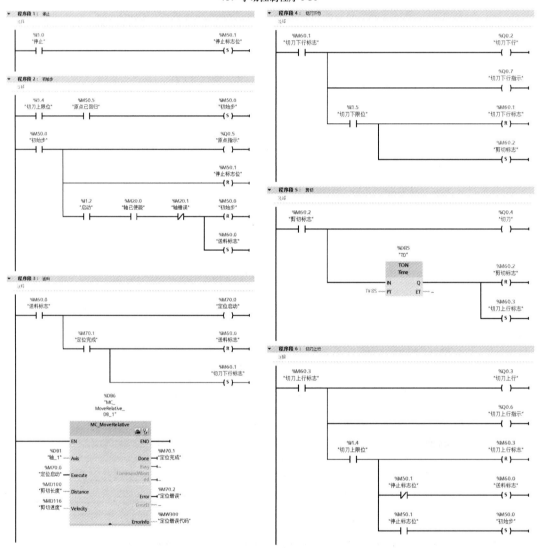

（c）自动控制程序 FC2

图 4-83　剪切机程序（续）

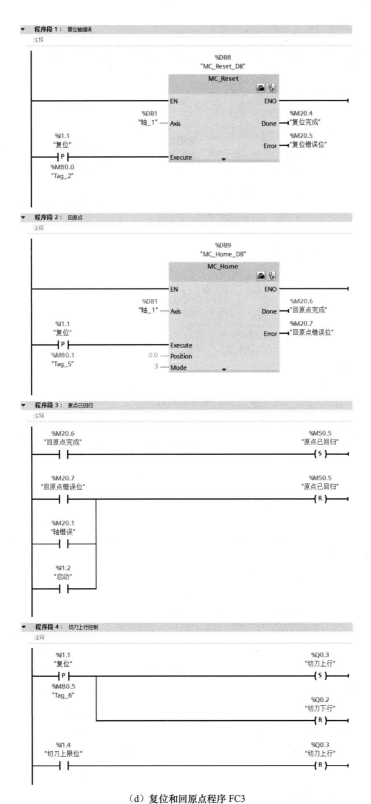

（d）复位和回原点程序 FC3

图 4-83 剪切机程序（续）

项目延伸　FB285 功能块在速度控制中的应用

　　某伺服电机速度控制系统如图 4-84 所示。按下启动按钮 SB1，伺服电机带动丝杠机构以 50mm/s 的速度沿 x 轴方向右行，碰到正向限位开关 SQ1 后，伺服电机带动丝杠机械机构以 70mm/s 的速度沿 x 轴反向运行，碰到反向限位开关 SQ2 后，接着又向右运动，如此反复运行，直到按下停止按钮 SB2，伺服电机停止运行。请参考知识链接

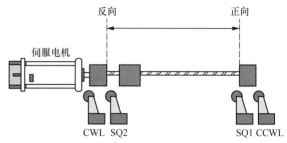

图 4-84　伺服电机速度控制示意图

和《SINAMICS V90 PROFINET（PN）接口操作说明》，使用 FB285 功能块完成下面的任务。

　　1. 根据控制要求，伺服电机速度控制的 I/O 分配如表 4-22 所示，请将表 4-22 中的元件连接到图 4-85 所示的伺服电机的速度控制电路中。

　　📖 小提示

　　图 4-85 中，CWL、CCWL 和 EMGS 信号的外部开关分别接到 V90 伺服驱动器的 1、2、3 数字量输入引脚上。

FB285 功能块在
速度控制中的应
用（视频）

表 4-22　伺服电机速度控制 I/O 分配表

输入			输出		
输入继电器	输入元件	作用	输出继电器	输出元件	作用
I0.0	SB1	启动	Q0.0	HL1	右行指示灯
I0.1	SB2	停止	Q0.1	HL2	左行指示灯
I0.2	SQ1	右限位			
I0.3	SQ2	左限位			

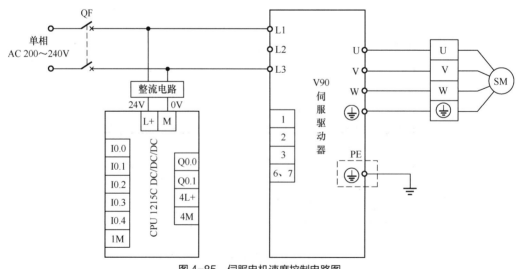

图 4-85　伺服电机速度控制电路图

2. PLC 侧的硬件配置。此任务 PLC 侧的硬件配置方法与项目实施任务相同，只需要将报文配置为速度控制使用的标准报文 1 即可。

3. 请参考图 4-79～图 4-82，按照下面的步骤，将 V90 伺服驱动器的参数填写在横线上。

（1）选择驱动和控制模式，p29003=_____；

（2）选择通信报文，p0922=_____；

（3）设置网络，设置 V90 伺服驱动器的名称 p8920=_____；V90 伺服驱动器的 IP 地址 p8921[0]=_____、p8921[1]=_____、p8921[2]=_____、p8921[3]=_____；

（4）设置斜坡上升时间 p1120=_____s 和斜坡下降时间 p1121_____s；

（5）设置数字量输入引脚功能，p29301=_____、p29302=_____、p29303=_____。

4. 请使用 FB285 功能块编写伺服电机速度控制程序并调试。

课堂笔记

子曰："学而不思则罔，思而不学则殆。"学习和思考要结合起来，才能学到切实有用的知识。V90 PN 版伺服驱动器的通信和 G120 变频器的 PROFINET 通信所使用的报文相同，两者都遵循 PROFIdrive 通信协议，都需要与上位机 PLC 构建 PROFINET 通信网络，但一定要注意两者在通信网络的配置、程序编写上的差异。请同学们借助教材的知识链接和项目实施，完成以下问题并记录在课堂笔记上。

> 1. 用思维导图总结本项目的知识点和技能点。
>
>
>
>
>
> 2. 如何在剪切机控制功能中增加剪切数量的统计功能？怎么实现？

项目评价

由小组中的项目负责人总结本小组的知识掌握情况和项目完成情况，并在课堂上进行汇报。总结主要包括 3 个方面：用思维导图总结本项目的知识点和技能点；项目实施和项目延伸的成果展示；项目实施过程中遇到的问题及经验分享。

按照表 4-23，对本项目进行评价。评价成绩统一采用 A（优秀）、B（良好）、C（合格）、D（努力）4 档。该评价成绩作为本课程的过程考核成绩计入最终考核成绩。

表 4-23　V90 PN 伺服控制系统的应用项目评价表

评价分类	评价内容	评价标准	自我评价	教师评价	总评
专业知识	引导问题	① 正确完成 100% 的引导问题，得 A； ② 正确完成 80% 及以上、100% 以下的，得 B； ③ 正确完成 60% 及以上、80% 以下的，得 C； ④ 其他得 D			
	课堂笔记	① 完成项目 4.3 的知识点和技能点的总结； ② 能编写剪切机剪切数量统计功能的程序			
专业技能	任务	① 会画出剪切机控制的硬件电路； ② 能编写剪切机控制程序并能使用博途软件完成调试			
	项目延伸	① 会画出伺服电机速度控制电路图并设置 V90 伺服驱动器的参数； ② 能使用 FB285 功能块编写伺服电机速度控制程序并完成调试			
职业素养	6S 管理	① 工位整洁，工器具摆放到位； ② 导线无浪费，废品清理分类符合要求； ③ 按照安全生产规程操作设备			
	展示汇报	① 能准确并流畅地描述出本项目的知识点和技能点； ② 能正确展示并介绍项目延伸实施成果； ③ 能大方得体地分享所遇到的问题及解决方法			
	沟通协作	① 善于沟通，积极参与； ② 与组员配合默契，不产生冲突			
自我总结	优缺点分析				
	改进措施				

电子活页拓展知识　V90 PN 版伺服驱动器的 EPOS 控制

S7-1200 PLC 可以通过 PROFINET 通信连接 V90 PN 版伺服驱动器，将 V90 PN 版伺服驱动器的控制模式设置为"基本定位器控制（EPOS）"，S7-1200 PLC 通过西门子 111 报文及博途提供的驱动库中的 FB284 功能块可以循环激活伺服驱动器中的基本定位功能，实现 PLC 与 V90 PN 版伺服驱动器的命令及状态周期性通信，发送驱动器的运行命令、位置及速度设定值，或者接收驱动器的状态及速度实际值等。请扫码学习"F284 功能块实现的 EPOS 控制"。

F284 功能块实现的 EPOS 控制（视频）

自我测评

1. 填空题

（1）V90 PN 版伺服驱动器可以通过_____接口与 S7-1200 PLC 进行通信，通过_____报文实现 PLC 对 V90 PN 版伺服驱动器的闭环控制。

（2）V90 PN 版伺服驱动器的运动控制有两种不同的形式，分别是_____控制和_____控制。位置控制在 PLC 侧的属于_____控制，位置控制在 V90 PN 版伺服驱动器侧的属于_____控制。

（3）中央控制方式依赖于_____；分布控制方式依赖于 V90 PN 版伺服驱动器的_____功能。

（4）PROFINET 提供_____和_____两种实时通信方式。S7-1200 PLC 只支持_____通信。

（5）S7-1200 PLC 连接 V90 PN 版伺服驱动器，如果组态工艺对象应该使用标准报文_____。

（6）V90 PN 版伺服驱动器在 EPOS 工作模式下最好使用西门子报文_____。

（7）在博途中组态 V90 PN 版伺服驱动器时需要使用_____文件组态。

（8）S7-1200 PLC 通过工艺对象 TO 最多控制_____台 V90 PN 版伺服驱动器。

（9）S7-1200 PLC 通过 FB284 最多控制_____台 V90 PN 版伺服驱动器。

（10）S7-1200 对 V90 PN 版伺服驱动器进行速度控制有_____和_____两种方法。

（11）标准报文 9：PZD-10/5，发送_____字，接收_____字。

（12）使用 FB285 功能块对 V90 PN 版伺服驱动器进行速度控制时，需要选择标准报文_____。

2. 简答题

（1）简述获得 FB285 功能块的两种方法。

（2）V90 PN 版伺服驱动器的工艺对象 TO 和 EPOS 的位置控制有什么区别？

3. 分析题

请比较 V90 PN 版伺服驱动器的速度控制与 V90 PTI 版伺服驱动器的速度控制。

参 考 文 献

［1］刘长青. 西门子变频器技术入门及实践[M]. 北京：机械工业出版社，2021.

［2］郭艳萍，陈冰. 变频及伺服应用技术（附微课视频）[M]. 北京：人民邮电出版社，2018.

［3］向晓汉，唐克彬. 西门子 SINAMICS G120/S120 变频器技术与应用[M]. 北京：机械工业出版社，2020.

［4］芮庆忠. 西门子 S7-1200PLC 编程及应用[M]. 北京：电子工业出版社，2020.

［5］张忠权. SINAMICS G120 变频控制系统实用手册[M]. 北京：机械工业出版社，2016.

［6］SIEMENS AG.SIEMENS.SINAMICS G120 变频器，配备控制单元 CU240B-2 和 CU240E-2 操作说明[Z]. Siemens AG Division Digital Factory，2018.

［7］SIEMENS AG.SIEMENS.SINAMICS G120 控制单元 CU240B- 2/CU240E-2 参数手册[Z]. Siemens AG Division Digital Factory，2016.

［8］SIEMENS AG.SINAMICS V90 脉冲，USS/Modbus 接口操作说明[Z]. Siemens AG Division Digital Factory，2019.

［9］SIEMENS AG.SINAMICS V90 PROFINET（PN）接口操作说明[Z]. Siemens AG Division Digital Factory，2018.

［10］SIEMENS AG.SINAMICS V90 SINAMICS V-ASSISTANT 在线帮助设备手册[Z]. Siemens AG Division Digital Factory，2019.

［11］SIEMENS AG.TIA Portal V15 中的 S7-1200 Motion Control V6.0 功能手册[Z]. Siemens AG Division Digital Factory，2017.